Bibliothèque de Philosophie scientifique

FRÉDÉRIC HOUSSAY

Professeur de Zoologie à la Sorbonne

Nature et Sciences naturelles

PARIS

ERNEST FLAMMARION, ÉDITEUR

26, RUE RACINE, 26

Cinquième Mille.

Nature

et

Sciences naturelles

Bibliothèque de Philosophie scientifique.

FRÉDÉRIC HOUSSAY

PROFESSEUR DE ZOOLOGIE A LA SORBONNE

Nature et Sciences naturelles

PARIS

ERNEST FLAMMARION, ÉDITEUR

RUE RACINE, 26, PRÈS L'ODÉON

NATURE

ET

SCIENCES NATURELLES

INTRODUCTION

La Nature et la Science. — Le donné et le construit.

Sommaire. — Dédain contemporain pour l'histoire de la science. — Un exposé chronologique ne suffit pas à donner l'idée de son évolution. — La part du phénomène et la part de l'esprit. — Les diverses sortes d'esprits scientifiques. — Les catégories d'œuvres qui leur correspondent. — La science est une action mêlée à toutes les autres ; complexité de son histoire. — La continuité entre les théories scientifiques. — Plan de l'ouvrage

Dans le cours du XIXe siècle, l'étude ardente des faits, qui, nouveaux, imprévus, abondants, sollicitaient l'attention, a fait quelque peu négliger l'histoire de la science et considérer avec indifférence la longue évolution de la connaissance humaine ; non qu'il ait manqué de philosophes ou d'érudits consacrant leurs efforts à cette recherche, mais ils n'ont pas, en général, soulevé un bien vif intérêt dans la foule affairée des techniciens. Et s'il s'agit aujourd'hui de tracer à grands traits l'histoire des progrès dans une science naturelle ou physique, combien d'auteurs et non des moindres se contentent d'un schème approximatif analogue au suivant :

Au commencement, il n'y avait rien. L'homme se satisfaisait avec quelques vagues légendes ou quelques dogmes étroits. C'était la période antique, de laquelle émerge isolé, et sans qu'on s'en étonne, le miraculeux Aristote.

Au milieu, il n'y avait pas beaucoup plus, et c'étaient les ténèbres du moyen âge.

Et à la fin, on sait tout, c'est la brillante époque du XIXe et du XXe siècles, prodigieuse éclosion de toutes les sciences, merveilleux éclairement des idées.

Cette façon d'exposer, aussi simple à comprendre que facile à retenir, avec cela flatteuse, suffit aux besoins ordinaires de la curiosité contemporaine et l'on passe à l'exposé des découvertes actuelles. Mais combien elle est éloignée du vrai, tant par sa simplicité que par son manque de modestie.

L'humanité ne date pas d'hier ni même d'avant-hier, et nul essor si spontané qu'il paraisse ne doit être tenu pour autre chose que pour la détente d'un effort antérieur. Il est injuste d'oublier à l'honneur ceux qui ont été à la peine, et à la peine obscure, car les plus pénétrants, les plus hardis, les plus novateurs, ceux auxquels l'humanité doit la plus grande part de ses lents progrès n'ont presque jamais été compris de leurs contemporains et en ont souffert, moralement toujours et matériellement quelquefois.

Si l'on veut entreprendre sérieusement d'écrire l'histoire des sciences naturelles, on est d'abord assez tenté de suivre la marche chronologique des événements et de signaler à mesure les hommes qui ont laissé une trace, d'analyser leurs œuvres capitales, de montrer les faits nouveaux qu'ils ont fait connaître et les idées qu'ils ont apportées ou précisées en les coordonnant. C'est ce qu'ont réalisé Carus, dans son *Histoire de la Zoologie,* Sachs dans son *Histoire de la Botanique,* et plusieurs autres. Mais de pareils livres, fort érudits, le premier cite 971 noms d'auteurs, sont plus utiles à consulter par les spécialistes en quête d'un renseignement qu'agréables à lire pour un homme cultivé cherchant à étendre ses connaissances d'une façon qui, sans doute, soit exacte et certaine, mais qui cependant ne l'oblige pas trop à faire lui-même le long travail de départir l'essentiel d'avec l'accessoire et le périmé d'avec le durable.

Ce desideratum peut déjà recevoir satisfaction pour une partie de la science dans les brillantes monographies d'œuvres et d'esprits réunies en 1884, sous le titre commun de la *Philosophie zoologique avant Darwin*, par E. Perrier.

Au surplus, la manière chronologique ne permet pas de suivre facilement la marche des grands problèmes et les variations apparentes des idées essentielles, qui, du reste, ne sont jamais radicalement changées. Si l'on prend, en effet, leur recherche pour but et pour guide leur trace à travers les âges, on les voit s'épuiser, revivre, se mêler avec d'autres, interférer entre elles ; mais, avec un peu d'application, on les retrouve toujours sous les livrées diverses ou les vocables nouveaux qu'elles tirent des techniques contemporaines.

On pourrait encore, il est vrai, exposèr le progrès dans la science en montrant qu'il est subordonné à une différenciation continue, ou que du moins les deux phénomènes sont concomittants. Une fois dégagée des religions dont elle faisait d'abord partie intégrante, la science ne se distingua pas de longtemps des *sophies* qui englobaient toutes les connaissances humaines et les combinaient en systèmes. L'époque de la séparation vint enfin et dès lors rapides les découvertes techniques. L'impossibilité de tout savoir spécialisa les savants et de la sorte se réalisa en fait une division que la plupart des hommes de science tiennent pour donnée et ne discutent pas ; bien peu, je suppose, la considèrent comme ayant quelque fondement logique. C'est une simple nécessité matérielle qui sépare, d'après les objets à étudier et les appareils nécessaires à cette étude, les divers laboratoires. La science y est dans tous cultivée par les mêmes méthodes et les techniques n'y sont pas toujours différentes.

Cette division, qui est tout de même la condition pratique du progrès, ne pourrait-elle donc pas être un guide pour en suivre le développement? Si, sans doute ; mais ce procédé ne conserverait pas, je crois, la vue distincte des ensembles, et, en retenant la pensée sur la vision du labeur technique, il la détournerait de considérer la marche sur un seul front de toutes les disciplines vers un but commun et l'appui qu'elles se prêtent, pour converger dans une vision cosmologique harmonieusement combinée où elles viennent toutes se confondre.

En esquissant des plans possibles pour y renoncer ensuite, nous ne recherchons pas seulement le vain amusement d'une critique négative; nous prenons conscience de la complexité du sujet, nous le retournons de plusieurs côtés, afin de trouver dans cet examen des raisons positives pour choisir et agir. Et si nous voulons enfin montrer dans les sciences naturelles une *évolution*, ne serait-il pas temps de nous demander d'abord ce qu'il faut entendre par là. Le mot évolution veut-il dire autre chose que l'arrangement plus ou moins sérié, construit par notre esprit à l'aide de certains phénomènes? Le phénomène spécial qui doit nous occuper ici, c'est l'ensemble des idées humaines passées et actuelles sur la nature ; et nous avons à rechercher un groupement possible pour les manifestations intellectuelles et les affirmations des hommes qui ont réfléchi à ce sujet. Toutes les doctrines qu'ils ont exprimées sont comme des données qui se prêtent à être comparées, classées, ordonnées par un autre esprit ; et l'ordonnance qu'il en fait peut se traduire par l'image d'une marche en avant, dans laquelle les diverses théories relevées sont comme des étapes, et se figurer par une courbe continue dont les hommes qui ont laissé un souvenir marquent les points connus.

Un pareil arrangement ne risque-t-il pas d'être purement subjectif et arbitraire? Subjectif, il le sera toujours dans quelque mesure, et, malgré sa bonne volonté, aucun auteur ne peut faire que son œuvre soit écrite et conçue comme elle le serait par n'importe quel autre ; mais le subjectif n'est pas l'arbitraire : des règles de logique s'imposent à tous, et leur observation fidèle préserve contre des écarts qui rendraient inintelligibles et inaccessibles à l'ensemble des lecteurs des propositions faites à leur encontre.

La science, selon la formule kantienne, est composée de l'apport des faits recueillis par les sens et, d'autre part, de leur élaboration par l'esprit humain. L'élément du progrès est surtout technique et consiste dans les moyens d'acquérir des données sensorielles de plus en plus abondantes et précises ; car les faits, quelque renouvelés qu'ils soient, arrivent en fin de compte à se grouper sous quelques thèmes fondamentaux, toujours les mêmes dans leurs lignes essentielles. Et ceci tient au second degré de l'élaboration scientifique, à savoir l'assimilation par l'esprit humain, qui, en raison du petit nombre de ses variétés, réagit toujours à peu près des mêmes manières à toutes les données que lui apportent les sens.

Il n'en est pas moins vrai que la transformation de la science est, si l'on peut dire, fonction de deux facteurs : 1° la découverte des faits; 2° les qualités de l'intelligence humaine. Et chacun de ces deux facteurs est lui-même fonction de plusieurs variables.

Si ressemblants qu'ils soient entre eux, les esprits des hommes ont cependant des différences ; et je ne

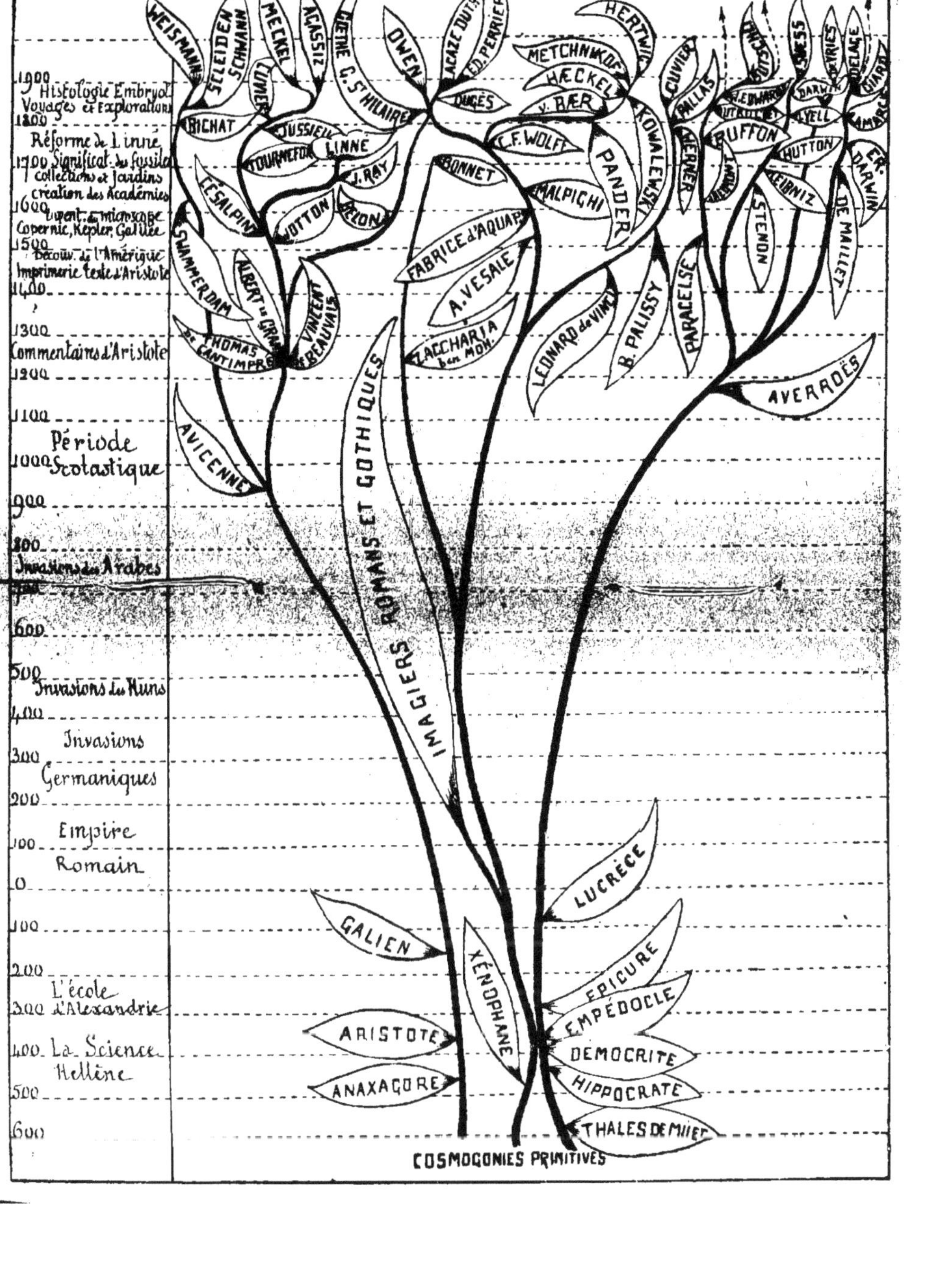
1900 Histologie Embryol.
Voyages et Explorations
1800
Réforme de Linné
1700 Significat. des fossiles
collections et jardins
création des Académies
1600 Invent. du microscope
Copernic, Kepler, Galilée
1500 Découv. de l'Amérique
Imprimerie texte d'Aristote
1400
1300
Commentaires d'Aristote
1200
1100
Période
1000 Scolastique
900
800
Invasions des Arabes
600
500
Invasions des Huns
400
Invasions
300
Germaniques
200
Empire
100
Romain
0
100
200
L'école
300 d'Alexandrie
400 La Science
Hellène
500
600
WEISMANN
SCLEIDEN
SCHWANN
CUVIER
MECKEL
AGASSIZ
GOETHE G. St HILAIRE
OWEN
LACAZE DUTH.
ED. PERRIER
DUGÈS
HERTWIG
METCHNIKOF
HÆCKEL
v. BÆR
C.F. WOLFF
KOWALEWSKI
PANDER
MALPIGHI
BICHAT
JUSSIEU
LINNE
TOURNEFORT
J. RAY
CESALPIN
BELON
BONNET
SWAMMERDAM
ALBERT le GRAND
VINCENT de BEAUVAIS
THOMAS de CANTIMPRE
FABRICE d'AQUAP.
A. VESALE
ZACCHARIA ben MOH.
LEONARD de VINCI
B. PALISSY
PARACELSE
CUVIER
PALLAS
WERNER
BUFFON
LYELL
DARWIN
DEVRIES
SUESS
DELAGE
GIARD
LAMARCK
HUTTON
LEIBNIZ
ER. DARWIN
STENON
DE MAILLET
AVERROËS
AVICENNE
IMAGIERS ROMANS ET GOTHIQUES
LUCRÈCE
GALIEN
XÉNOPHANE
EPICURE
EMPÉDOCLE
ARISTOTE
DEMOCRITE
ANAXAGORE
HIPPOCRATE
THALES DE MILET
COSMOGONIES PRIMITIVES

parle pas seulement de celles qui tiennent à l'amplitude de leurs qualités, mais surtout de celles que déterminent la nature même des qualités. On peut, d'après cette nature des qualités, distinguer d'une façon abstraite trois types fondamentaux qui, suivant leur dosage réel dans chaque intelligence concrète, décident du caractère de celle-ci.

Le premier, que j'appelle le type statique (1), s'intéresse dans les phénomènes naturels à ceux qui sont fréquents, durables, et néglige ceux qui sont rares ou fugitifs dans le temps. L'esprit de cette sorte, ordinaire chez l'homme d'action, compare et classe d'une façon discontinue. Il est satisfait par des lois de fréquence.

Le second type est le cinématique qui, recueillant toutes les données de fait, aussi bien les rares et les fugitives que les fréquentes et les durables, ordonne le tout en des ensembles continus. C'est la forme d'intelligence qui s'épanouit surtout chez les artistes et chez les géomètres.

Le troisième type enfin est dynamique et ne cesse d'étudier un fait que lorsqu'il en a trouvé la cause. Ce qui l'intéresse dans les phénomènes, c'est moins leur fréquence que leur succession, et c'est moins encore leur succession que leur déterminisme, c'est-à-dire les raisons qu'il y a dans l'ensemble des choses pour qu'ils apparaissent ou qu'ils n'apparaissent pas. Les esprits de cette catégorie, les plus pénétrants et les plus profonds, assument de beaucoup la plus lourde tâche, celle où le succès est le moins facile et leur œuvre toujours garde quelque caractère de l'imparfaite ébauche, que le plus grand nombre ne sait pas goûter. Mais ce sont les véritables pionniers intellectuels et la hardiesse de leur pensée, malgré qu'elle soit souvent associée à une certaine timidité

1. Frédéric Houssay. *La Forme et la Vie. Essai de la méthode mécanique en Zoologie.*

dans l'action, entraîne tôt ou tard les autres vers des voies et des découvertes nouvelles.

A toutes les époques, des esprits de ces trois sortes se sont appliqués aux sciences naturelles et l'histoire de celles-ci s'en trouve, en quelque façon, comme traversée par trois courants qui, sur leurs bords, peuvent bien un peu se confondre, mais dont les traces générales sont parfaitement distinctes. Il y a donc trois filiations d'œuvres, non que celles-ci procèdent toujours les unes des autres par descendance intellectuelle directe ni par passage de doctrine du maître à l'élève, mais simplement parce qu'elles se continuent dans des intelligences de même ordre.

La découverte des faits, à laquelle il nous faut maintenant revenir, n'a pas pour seule condition les recherches et les efforts des savants voués à l'étude d'une science donnée ; elle est aussi réglée à chaque époque par l'état de toutes les autres disciplines, tant par les idées que suggèrent celles-ci que par les appareils et les moyens nouveaux d'investigation qu'elles livrent. Et non seulement le milieu d'idées contemporain, mais, d'une façon plus générale encore, tout ce qui constitue la civilisation influe sur une science particulière et en reçoit d'ailleurs une réaction.

L'activité que la science suscite dans l'agriculture, le commerce ou l'industrie détermine des actes qui l'entraînent elle-même, crée des besoins nouveaux qui lui posent des problèmes. Et l'histoire scientifique se trouve de la sorte emportée, mêlée, brassée avec celle des autres actions humaines d'une façon tellement intime qu'elle n'en peut plus être dégagée, si ce n'est par l'artifice même consistant à isoler de l'ensemble auquel il tient en réalité le phénomène que l'on veut faire connaître à part. Comme il n'y a pas d'autre moyen d'enseigner, ou même de parler, que de distinguer ce qui n'est pas distinct, nous ne pouvons songer à échapper, sous peine de confusion, à cette loi nécessaire ; mais nous tenons d'abord à insister sur la complexité réelle. Il la faut toujours concevoir derrière la simplicité des schèmes qui expriment.

Pour préciser par quelques exemples les grands apports étrangers aux sciences naturelles qui les ont insensiblement créées ou périodiquement bouleversées, énumérons rapidement et pêle-mêle les sacrifices religieux de victimes animales et l'examen de leurs viscères, les voyages commerciaux des Egyptiens et des Phéniciens, les jeux du cirque dans la Rome impériale, la découverte de l'Amérique et les explorations ultérieures, la combinaison de lentilles qui fit le microscope, la pose des câbles transatlantiques qui conduisit aux grands dragages abyssaux, les recherches de Pasteur que les besoins de la brasserie amenèrent par des études de chimie à transformer la biologie et la médecine.

Si nous devons trouver quelque difficulté supplémentaire pour exposer notre sujet dans le fait qu'il est, de façon prodigieuse, intriqué avec tant d'autres, ne manquons pas au moins d'en tirer cet enseignement que la science n'est pas une pensée isolée et stérile, qu'elle est au contraire une action mêlée avec toutes les autres. Elle souffre de la faiblesse générale d'une époque ou d'un pays, si même elle n'en donne pas la meilleure traduction ; elle s'enrichit en revanche de la prospérité qu'elle contribue à créer.

Les trois grands courants d'œuvres touchant les sciences naturelles, que nous avons indiqués comme tenant aux variétés possibles dans l'esprit de l'homme qui pense, vont donc être recoupés par des strates superposés en fonctions du temps. La disposition linéaire dans la durée est bien entendu une simplification de notre esprit. Parmi tous les phénomènes qui se sont enchevêtrés et qu'il n'analyse pas, il retient seulement ceux qui le frappent par leurs rapports évidents et immédiats avec les sciences naturelles ; et ces derniers, rendus discontinus par la séparation d'avec leur milieu d'événements et d'idées, se laissent linéairement sérier, sans paraître avoir entre eux d'autres rapports qu'une succession dans le temps.

Nous distinguons de la sorte dans l'histoire des sciences naturelles deux catégories d'événements, les uns, que nous pouvons dire intrinsèques, tiennent à la réaction même du savant en face des objets qu'il étudie : c'est l'élaboration et l'assimilation ; les autres, extrinsèques, constituent pour la science des apports en matériaux, en actes, en appareils, en idées étrangères, dont elle subit une excitation manifeste et qui sont comme les aliments réclamés pour sa croissance et nécessaires à son évolution.

Le tableau disposé pages 6-7 synthétise les grands traits de cette évolution et représente la filiation des œuvres par la continuité établie entre les noms des penseurs qui les ont produites. Les données extrinsèques essentielles, inscrites dans la colonne de gauche, montrent quels progrès étrangers ont contribué à rendre diverses les créations d'esprits semblables par leurs qualités propres.

Il faut maintenant développer en une série linéaire de chapitres cette continuité que la forme rameuse n'a pas suffi à exprimer seule, puisqu'il a été nécessaire de lui adjoindre une liste supplémentaire. Le lecteur, qui se sera d'abord pénétré de la continuité d'ensemble, voudra bien remettre à leur place les chapitres discontinus dans lesquels on est obligé de la fragmenter.

D'abord nous exposerons à grands traits la succession des faits extrinsèques à la science dont l'importance est capitale pour sa propre histoire. Puis nous ferons progressivement défiler les œuvres qui ont recherché et établi les lois de fréquence, celles qui ont eu pour objet les lois de continuité et celles enfin qui se sont imposé pour but la découverte des lois de causalité.

Après cela nous passerons en revue quelques-unes des grandes controverses qui ont ému les hommes de science aux diverses époques, et qui peut-être les émouvront toujours; car, nous nous efforcerons au moins de le montrer, elles sont d'inévitables malentendus entre les différentes sortes de pensées humaines n'arrivant jamais aux mêmes visions d'ensemble.

Pour terminer nous résumerons l'état contemporain de la science, les diverses tendances qui se manifestent et l'orientation prochaine qu'on en peut induire.

Après avoir montré comment les sciences naturelles ont élaboré ce qu'elles ont reçu du milieu, il faudrait aussi dire pour achever ce qu'elles ont rendu à l'humanité en progrès de diverses sortes ; mais cela nous entraînerait à dépasser de beaucoup les limites d'un livre. Si nous jetons seulement en effet un rapide coup d'œil synthétique sur cet immense ensemble, nous voyons d'abord apparaître tout ce qui a rapport à l'alimentation des hommes : les diverses cultures et leur protection, l'élevage des bêtes de somme ou de boucherie, la vénerie, la pêche et la pisciculture ; puis tout ce dont on a besoin pour se vêtir : les pelleteries, les étoffes tissées de soie, de laine, ou de fibres végétales. Ensuite, ce sont les matériaux des demeures et de l'ameublement. C'est encore la recherche, la captation, la purification des eaux potables, la découverte de la houille et des minerais qui donnent les métaux ; c'est aussi la désignation des arbres à résines, à gommes, à caoutchouc. Il n'est pas une seule des substances que la chimie ou la physique adaptent à quelqu'application alimentaire, thérapeutique ou industrielle dont il ne faille d'abord trouver la source dans la nature, pas une plante utile qu'on ne doive arriver à cultiver si l'exploitation menace de la détruire. Et n'allons pas oublier de signaler toutes les applications de l'art médical à l'entretien de la santé ou à la guérison des maladies.

Dans le domaine des pures idées, n'est-ce pas des sciences naturelles que sont venues d'abord les méthodes pour dénommer simplement et pour classer les objets? N'ont-elles pas fourni la notion d'évolution dont la philosophie contemporaine et l'histoire font un si large emploi? Et, puisque nous avons renoncé à tout espoir d'être complet à ce propos, n'en est-ce point assez pour montrer quelle fondamentale assise elles constituent dans le grandiose édifice des actions et des idées humaines.

LIVRE I

LES CONDITIONS DU DÉVELOPPEMENT SCIENTIFIQUE

SOMMAIRE :

CHAPITRE I

Fondements utilitaires de la connaissance.

Sommaire. — L'homme arboricole et frugivore botaniste. — La chasse des animaux et les rudiments de la zoologie. — L'ébauche de la géologie chez les tailleurs de silex et les polisseurs de porphyres. — Les gemmes ornementales et les matériaux de construction. — Les sacrifices et l'anatomie.

Les notions élémentaires dont le développement devait plus tard constituer les sciences naturelles furent sans doute les premières idées construites et retenues. Malgré les profondes modifications intellectuelles, morales et anatomiques que l'homme doit aux longs siècles de vie sociale et de station bipède sur le sol, il garde encore dans la forme de sa main et dans sa dentition l'évidente empreinte d'une vie arboricole et d'un régime frugivore bien des fois plus longs peut-être que toute la durée de son histoire humaine. Avant même qu'il n'ait pu s'intéresser au cours du soleil dont les alternatives concordaient avec son désir d'activité et son besoin de repos, ou suivre dans le ciel la marche des étoiles, ce qui suppose le loisir des veillées nocturnes et l'abondance des vivres cueillis pendant le jour sans fatigue accablante, notre ancêtre lointain a distingué sûrement la forêt de la non-forêt,

2.

l'arbre de ce qui ne l'était pas, la plante portant des fruits et la plante stérile, les fruits profitables et les vénéneux. Et tout cela, appris aux jeunes, constituait un enseignement, un rudiment de classification et de spécification, anthropocentriques comme il convient, puisqu'aussi bien c'est une idée primitive que de se prendre pour le centre des choses.

Aussitôt que, par des sons divers, l'homme sut exprimer des sensations ou signaler des objets, les catégories dont nous avons parlé furent certainement traduites. Longtemps la science demeura à cette première étape qui consiste d'abord à faire une abstraction et à créer un symbole. Et si nous cherchons dans les plus vieux écrits, dans les poèmes sanscrits, les peintures ou les papyrus égyptiens, les textes bibliques ou homériques, ce qui est relatif aux animaux et aux plantes, nous ne trouvons encore que des noms et l'indication des qualités par lesquelles les êtres désignés sont utiles comme aliments, remèdes, aide dans les travaux ou amusements.

Cependant, enhardi par la force qu'il retirait de ses vertus sociales, capable de se plier à des attaques ou des défenses en commun, poussé d'ailleurs par la disette des fruits qui résultait des grands rassemblements dans les cimes forestières, l'homme entreprit la chasse des autres animaux et fit entrer la chair dans sa nourriture. En même temps que chasseur, il devint zoologiste de la même façon qu'il avait d'abord été botaniste et par nécessité. Sorti des forêts, commençant l'exploration et la conquête des plaines et des rochers, il reconnut bien vite parmi les minéraux des qualités diverses et sut profiter de quelques-unes pour son usage. Le silex, taillé par éclats, lui fournit des armes dures et coupantes ; plus tard, divers porphyres susceptibles d'être polis furent recherchés et travaillés dans le même but. Vaniteux en outre comme tous les êtres sociaux, il recueillait pour sa parure les gemmes brillantes, dures et colorées. Et la Bible déjà cite un grand nombre de celles-ci, où l'on reconnaît la sardoine, la topaze, l'émeraude, les escarboucles rubis et grenat, le saphyr, le jaspe, l'agathe, l'améthyste, l'onyx, etc... Pendant fort longtemps, après que la découverte des minerais et les travaux de métallurgie eurent étendu le champ des connaissances, après que la recherche et la préparation des matériaux pour les grandes constructions de Chaldée, d'Assyrie, d'Egypte et de Perse eurent accru les données sur les produits de la terre, il se fit peu à peu et par ces études préparatoires aux arts de l'architecte un noyau de faits sur lesquels la réflexion commença de s'exercer.

Au début, si l'on en juge par les premiers témoignages qui nous restent de l'intellectualité humaine, le réalisme utilitaire était à la fois l'excitation première et le but ultime. Les admirables figurations de l'époque quaternaire, dessinées à la pointe sur des poignées d'armes, sur la nacre des coquilles, ou peintes sur les parois des grottes et qui représentent des mammouths, des rennes, des races diverses de bœufs et de chevaux, nous montrent des faits d'une précision et d'une exactitude parfaitement surprenantes, mais ne nous laissent pas entrevoir les concepts rudimentaires qui en pouvaient déjà résulter dans l'esprit. La conclusion s'impose tout de même que l'homme savait observer et abstraire pour établir son dessin avec une justesse qui nous confond ; bien des phénomènes naturels lui étaient sans doute exactement connus, en beaucoup plus grand nombre même qu'on ne se le figure ordinairement, comme nous avons déjà tenté de l'établir et comme nous essaierons de le faire plus complètement encore en d'autres écrits.

Dans les civilisations ultérieures et beaucoup plus développées de l'Egypte et de la Grèce préhellène, les vivants, animaux et végétaux, furent incorporés dans des dogmes philosophiques et religieux qui ne peuvent à cette place nous occuper bien longuement.

Ce furent des pratiques religieuses cependant qui, par l'art de l'embaumeur, du sacrificateur, de l'aruspice amenèrent la connaissance des organes internes et fournirent les premiers renseignements sur l'anatomie des animaux. Accomplis par des hommes réfléchis, avec un certain calme professionnel propice à l'investigation, au souvenir, à la comparaison, ces rites étaient plus propres à la première édification du savoir que la hâte affamée du dépeçage par le chasseur. Ceux-ci toutefois, de même que les bouchers, n'avaient pas été sans remarquer bien des dispositions fixes.

Quelle foule anonyme avait déjà passé, vécu, regardé, réfléchi, appris, édifié une connaissance, faible sans doute, si on la compare à la nôtre, mais colossale si on l'oppose à rien du tout, quand, au début du ve siècle avant J.-C., apparut Alcméon de Crotone, le premier dont on ait retenu le nom, un des rares auteurs que cite Aristote et qui passe pour le créateur de l'anatomie. Sans nous laisser troubler par la précision du premier nom qui sort de l'inconnu, gardons un souvenir religieux à l'imprécis amas d'ancêtres qui s'élevèrent au rang d'hommes.

Quelque merveilleuses que puissent nous sembler les rapides étapes de notre science contemporaine, n'oublions pas sur le seuil de l'histoire, et avant même de le franchir, que le plus formidable progrès était accompli déjà, et que tous ceux qui devaient suivre n'en furent, à tout prendre, que des perfectionnements pendant longtemps légers.

CHAPITRE II

D'Aristote à Linné.

Sommaire. — Aristote et les Alexandrins. — Décadence des sciences naturelles à l'époque romaine. — Les querelles scolastiques. — Retour d'Aristote au XIIIe siècle et renaissance scientifique. — L'imprimerie et la gravure. — Voyages des Portugais et des Espagnols. — Création des collections. — Découverte du microscope. — Multiplication des corps savants et des académies. — La nomenclature et la réforme de Linné.

Le premier inventaire des connaissances ainsi recueillies peu à peu et qui nous est parvenu fut dressé par Aristote de Stagire (384-322). Son œuvre est en même temps une construction intellectuelle, et nous y reviendrons plus au long, n'en parlant ici que comme d'un événement qui eut sur la science ultérieure un retentissement prolongé. Continuée par son disciple Théophraste d'Érésos, sa tradition passa, avec presque tout le savoir grec, à l'école d'Alexandrie. Parmi les médecins célèbres qui cultivaient la science dans cette ville des Ptolémées, l'histoire a retenu les noms d'Hérophile qui vivait vers 320 avant J.-C. et d'Erasistrate mort en 237. Celui-ci passe pour avoir le premier disséqué des corps humains, ce qui, dans la suite, devint si longtemps impossible. Il avait reconnu que les nerfs naissent du cerveau, et qu'après la mort les artères contiennent de l'air tandis que les veines seules ont du sang, exacte et malencontreuse observation qui devait pour des siècles égarer l'esprit et empêcher de comprendre la circulation.

Pendant toute la durée de la république romaine, les rares écrits agricoles (*De re rustica*) de Caton l'Ancien et de Varron ne suffisent pas pour empêcher de dire que dans ce peuple actif, guerrier et surtout administrateur, la science et la philosophie scientifique ne suscitaient que le plus médiocre intérêt. L'éloquence qui permettait de remuer le forum et d'accéder aux magistratures était la seule manifestation intellectuelle qui pût distraire du souci d'organiser matériellement et pratiquement le monde.

On accuse parfois le christianisme d'avoir par ses préoccupations supra-terrestres porté le dernier coup au savoir hellène; cela n'est guère exact, du moins à ses débuts, et quand il surgit sur les ruines de Rome, la science était bien morte et depuis longtemps. Sans doute il ne lui apporta non plus aucun secours; mais à toutes les grandes époques de l'humanité, il semble qu'une tâche pressante ait sollicité et aspiré tous les esprits capables de penser et d'agir; nous venons de le dire pour l'art de la parole; à l'époque de la Renaissance, ce furent les arts plastiques qui exercèrent cette séduction suprême; de notre temps ce sont les diverses sciences : historiques, linguistiques, archéologiques, naturelles, physiques et mathématiques. Après les siècles de lutte qui avaient rendu esclave la moitié des hommes, la tâche urgente était d'apporter au monde des paroles de paix et de fraternité, et toutes les nobles âmes s'y employèrent, dédaignant tout le reste.

Les maîtres impériaux du monde auraient pu peut-être en exhibant aux arènes tant d'animaux exotiques entretenir une sorte de curiosité pour la diversité des formes; mais la foule ne retirait guère de ces jeux que des exemples de cruauté et de bestialité.

Quand les peuples barbares en longues invasions achevèrent la ruine du grand corps sans âme qu'était devenu l'empire romain, la science ne donnait déjà plus qu'une vacillante lueur dans les beaux vers de Lucrèce et dans les écrits de Pline l'Ancien (23-79 après J.-C.) gigantesque compilation qui eut du moins l'intérêt de ne pas tout à fait laisser rompre le fil que l'humanité suivait depuis ses origines.

Jusqu'au IXe siècle, les luttes incessantes, les partages du sol faits et défaits entre les hordes germaines qui s'y étaient établies, les grands efforts pour repousser en commun les nouvelles invasions des Huns au Ve siècle, des Arabes au VIIIe, l'organisation du régime féodal ne laissent aucune trêve paisible dont puisse profiter la libre méditation. Les gens d'Église qui seuls représentent la pensée au milieu des hommes d'armes ont trop à faire pour conquérir dans ce chaos d'événements leur part d'influence, souhaitable alors il faut le dire; les antiques traditions sur l'origine des êtres ne hantent plus que l'esprit de quelques artistes qui les tracent en relief sur la pierre des cathédrales et en font à leurs successeurs le legs mystérieux.

Quand Charlemagne, après ses conquêtes, tenta une renaissance intellectuelle et fonda les écoles, l'Eglise, sous son égide, prit la direction des idées en même temps que des consciences, et, puissante maintenant, organisée pour l'administration elle eut ses penseurs officiels et sut étouffer la parole de leurs contradicteurs par tous les moyens séculiers dont elle disposait. Le seul exercice du pouvoir, par un phénomène à peu près général, plus que l'essence même de ses dogmes, lui fit couvrir les idées traditionnelles d'une intransigeante protection qui devait durer dix siècles.

Les querelles scolastiques du IXe au XIIIe siècle, pourraient nous laisser assez indifférents si nous ne tenions à y faire reconnaître un certain intérêt relatif à la notion d'espèce et surtout à montrer qu'un plus mauvais milieu d'idées ne pouvait guère plus complètement entraver une renaissance des sciences d'observation. L'Ecole était réaliste, mais en appliquant à ce mot un sens tout opposé à celui que nous lui donnerions aujourd'hui. Par la voix de ses docteurs autorisés, Alcuin, Scot Erigène, saint Anselme de Cantorbéry, elle affirmait avec Platon la seule réalité des genres et des espèces indépendamment des choses qui tombent sous les sens, dites contingentes. Roscelin, breton d'origine, osa seul soutenir en 1085 que les idées générales n'ont aucune existence en dehors de notre esprit, que ce sont de purs noms auxquels ne correspond aucun être réel. Il fut suivi par quelques disciples que l'on appela nominalistes. Mais, ayant appliqué ses doctrines à la Trinité, il fut condamné au Concile de Soissons en 1092 et réduit, pour un temps, à fuir en Angleterre.

Après le XIIIe siècle et jusqu'au XIVe l'École est toute réaliste : on ne dispute plus entre partisans de Jean Duns Scot et partisans de Thomas d'Aquin, scotistes et thomistes, que sur la façon dont les universaux ou idées générales peuvent bien former les individus.

Cependant un grand événement se prépare en dehors des docteurs ; la civilisation arabe, aspirant les restes d'intellectualité de l'empire d'Orient, commence à briller d'un assez vif éclat. Les arts s'épanouissent, les sciences sont cultivées ; deux médecins naturalistes, Avicenne et Averroës ont une retentissante renommée tant par leurs idées propres, que nous analyserons à la place qui leur convient, que comme traducteurs et commentateurs d'Aristote. Ce fut par leur intermédiaire que le grand philosophe sortit de l'oubli et que fut renouée la tradition depuis si longtemps brisée.

La première traduction latine d'Aristote, faite sur le commentaire arabe d'Avicenne est due à Michel Scot (1210-1291) à l'instigation peut-être de l'empereur Frédéric II dont il fut le favori. Celui-ci, régnant à la fois sur l'empire et sur les Deux-Siciles, avait réuni à sa cour de Palerme une ménagerie d'animaux rares parmi lesquels se trouvait une girafe. Il vivait entouré de savants arabes et de médecins juifs, comme ils l'étaient d'ailleurs presque tous alors. C'est cet empereur qui permit le premier de disséquer des cadavres humains, autorisation dont pendant longtemps on ne profita guère qu'avec timidité.

Le XIIIe siècle est pour les sciences comme pour les arts une époque active. Les données d'Aristote, remises en circulation, viennent s'ajouter aux vagues notions qui avaient persisté sur la genèse marine et qui, tombées dans le folk-lore, ne consistaient plus guère que dans la fable de l'oie bernache naissant à la façon d'un fruit sur un arbre de rivage. Il faut signaler comme un événement considérable de la renaissance scientifique les œuvres de trois dominicains presque contemporains : Vincent de Beauvais (1200-1264), Albert le Grand (1193-1280) et Thomas de Cantimpré (1200-1270).

Vincent de Beauvais fut chargé par Louis IX de dresser une encyclopédie des connaissances de son temps et composa à cet effet son *Speculum majus*, achevé en 1250. L'ouvrage contenait quatre parties : miroir naturel, miroir moral, miroir scientifique et miroir historique. La première nous intéresse seule et contient 350 noms d'auteurs, c'est une source précieuse pour les recherches d'érudition. L'auteur y cite un certain Philosophus qui est quelquefois Aristote, mais pas toujours, notamment dans le passage où ce Philosophus affirme l'existence de l'oie bernache en Flandre.

Albert le Grand s'occupa en même temps de philosophie, d'alchimie et de sciences naturelles. Il essaya de donner un commentaire d'Aristote conforme aux vues de l'Église et contribua par son autorité à faire revivre le Stagirite comme naturaliste observateur, en retenant l'attention sur les faits qu'il décrit plutôt que sur ses principes, les seuls connus jusque-là par les résumés doctrinaux que l'on en possédait. On lui doit également d'avoir cherché un accord entre les réalistes et les nominalistes et d'avoir en somme préparé l'avènement de ceux-ci, guérison intellectuelle nécessaire avant que pût être abordée l'ère des progrès. D'après lui, le général est avant l'objet dans l'intelligence divine, avec l'objet dans la nature, et après l'objet dans l'esprit de l'homme. Cela suffit pour légitimer l'induction humaine, la seule qui importe à la science et pour permettre d'accéder au général en partant de l'objet, ce qui justifie et même impose l'observation.

Pour ce qui est de son observation propre, elle est encore facile à troubler; il déclare notamment que la mouche n'a que deux ailes, mais huit pattes, ce qui est deux de trop. Tout de même, il n'accepte plus sans contrôle tout ce qu'il entend dire et c'est le premier qui conteste la fable de la bernache ; il conserve encore cependant un bon nombre de préjugés sur les talismans, les remèdes secrets, les philtres, etc.... C'est en botanique peut-être qu'il a montré le plus de perspicacité en s'attachant à connaître et à décrire les graines, les fruits et les formes principales des fleurs.

Thomas de Cantimpré, d'abord connu comme hagiographe, fut élève d'Albert le Grand, à Cologne. Il suivit les leçons de celui-ci, mais le fit en revanche profiter des matériaux qu'il avait recueillis et réunis dans son livre *De naturis rerum*. Cet ouvrage est encore un commentaire d'Aristote, ordinairement sensé, mais très finaliste et préoccupé d'abord d'applications religieuses. A côté des données positives du philosophe grec, il fait honorable place à toutes les croyances, qui venaient aussi de l'antiquité, mais par une autre voie, sur les sirènes, les oies arborigènes, les onocentaures, les phénix et les dragons.

Toutes ces œuvres préparaient dans l'Eglise même une révolution. Les nominalistes, silencieux depuis Abélard, reprirent la parole. Occam (1270-1347) combattit hardiment les réalistes ; mais en même temps il défendit la suprématie du pouvoir civil et soutint Philippe le Bel contre Boniface VIII. Il fut frappé d'excommunication en 1330. Les réalistes d'ailleurs tenaient toujours le pouvoir et Buridan (1295-1360), élève d'Occam, professant à Paris la doctrine du maître, fut persécuté et dut s'enfuir à Vienne en Autriche. Toutefois les idées se faisaient peu à peu leur place, et le jour vint où P. d'Ailly (1350-1420) quoique nominaliste fut comblé d'honneurs et mourut cardinal.

Le rappel à l'observation commençait à porter ses fruits. Mondino (1260-1326), professeur à Bologne, bien que n'osant pas s'écarter des conclusions de Galien, regardait par lui-même et disséquait des cadavres humains. Le recueil de ses observations (1) ne fut au reste publié que beaucoup plus tard, à Pavie, en 1478.

Aucune œuvre nouvelle cependant ne paraissait; mais la connaissance retrouvée s'infiltrait partout peu à peu, les yeux s'ouvraient sur la nature, « ce livre de Dieu que rien ne saurait altérer », comme le dit Raymond de Sébonde, théologien et médecin espagnol, professeur vers 1430 à l'Université de Toulouse.

1. *Anatomia omnium humani corporis interiorum membrorum.*

Son orthodoxie était au reste suspecte et Montaigne (1) dut présenter sa défense.

Avant même que les Turcs n'eussent pris Constantinople (1453), leur approche avait mis en fuite beaucoup de Grecs d'Ionie et des îles. Ils rapportèrent avec eux les œuvres d'Aristote qui, depuis près de deux siècles, n'avaient pour unique source que le commentaire d'Avicenne. Le premier texte grec parut en 1427, mais peu de savants occidentaux étaient capables de le lire ; une traduction latine en fut donnée par Théodore de Gaza, que les Turcs avaient chassé de Salonique, en 1429. Sur ces entrefaites, Gutenberg et Fust avaient commencé d'imprimer (1450) et la merveilleuse découverte, émancipatrice de l'esprit, eut tout de suite son retentissement sur nos sciences. La traduction latine d'Aristote fut imprimée à Venise en 1476 et, en vingt-cinq ans, cinq éditions disparurent dans la foule altérée de savoir.

D'extraordinaires émotions agitaient tous les peuples : les Portugais faisaient leurs grands voyages, Colomb découvrait l'Amérique (1492), et si ces expéditions, qu'engendraient la soif de l'or et le désir de posséder, ne fournirent pas tout de suite à la science des matériaux nouveaux pour les mettre en œuvre, du moins amenèrent-elles dans les esprits une excitation sans pareille.

Les hommes cultivés tentaient de se grouper en des réunions où s'échangeaient les connaissances et se discutaient les idées : les Académies s'essayaient à vivre. A Florence, Cosme de Médicis appelait Académie platonicienne son cercle d'artistes et de savants. Vittorino de Feltre fondait en 1520 l'Académie des sciences de Padoue ; mais elle n'eut pas une longue durée et fut fermée par ordre des papes, ainsi que l'Académie Pontani, à Naples.

1. *Essais*, liv. II, chap. XII.

Le prussien Copernic édifie son système du monde; on voit avec lui toutes les planètes tourner autour du soleil et la terre elle-même, perdant sa traditionnelle immobilité au centre du Cosmos, animée du double mouvement de translation et de rotation. Par déférence pour l'Église, qui prétend toujours à l'hégémonie sur la pensée, Copernic dédie son livre au pape Paul III ; mais, méfiant tout de même, il ne publie ses idées qu'à la fin de sa vie et ne reçoit son livre (1) imprimé que le jour de sa mort. La première édition en fut presque entièrement détruite par ordre de l'Inquisition.

Le wurtembergeois Képler consolida le système par ses importantes découvertes et l'italien Galilée le professa avec éclat. Inquiété par l'Inquisition et cité à son tribunal, en 1615 et 1633, il fut obligé d'abjurer et jeté en prison; inutile entrave qui ne pouvait plus arrêter l'élan de la marche hardie vers les découvertes.

Des idées fécondes surgissaient de partout. Léonard de Vinci (1452-1518) et Bernard de Palissy (1510-1590) affirmèrent que les fossiles sont des restes animaux. C'était le germe d'une science nouvelle qui ne devait évoluer qu'après un siècle d'attente.

Les naturalistes eux-mêmes ne se contentent plus de répéter Aristote, l'observation personnelle joue son rôle dans les catalogues qu'ils dressent des animaux, des plantes et des minéraux. La gravure qui naît et se développe fournit un mode nouveau de représentation ajouté aux descriptions verbales. C'est l'époque des travaux de Wotton, Gesner, Rondelet, Aldrovande, Harvey, etc..., dont nous analyserons plus loin la méthode et la portée.

Des collections se constituent, indispensable progrès pour que chacun puisse prendre par lui-même

1. *De revolutionibus orbium cœlestium*. Nurenberg, 1543.

la sensation directe des objets que l'exploration de la nature ne lui fait pas à volonté rencontrer chaque jour. A cette époque, il est vrai, l'art de conserver est bien rudimentaire, on ne fait pas encore usage d'alcool, ni d'aucun liquide préservateur; les pièces desséchées et les squelettes peuvent seuls être gardés.

En même temps François Bacon donne les règles qui doivent désormais fixer la science moderne. Dans son *Instauratio magna*, et surtout dans le deuxième volume de celle-ci, le *Novum organum* (1620), il établit l'idée fondamentale que les vaines hypothèses et les subtiles argumentations dont l'École avait vécu depuis trois siècles étaient désormais périmées et que le temps était venu de multiplier les observations et les expériences pour connaître les faits, à la suite de quoi seulement l'induction pouvait intervenir pour essayer de découvrir les lois et les causes en s'appuyant sur le plus grand nombre possible de comparaisons et d'exclusions.

Cette œuvre fut plus utile aux sciences de la nature que celle même de Descartes. En voulant tout ramener à la mathématique, celui-ci était dans le vrai à ne la considérer que comme la meilleure expression et la plus facile à comprendre ; mais son idée était alors prématurée, vu que pour les sciences naturelles il s'agissait bien moins d'exprimer leurs résultats que de les créer presque entièrement. Et d'ailleurs sa doctrine des idées innées n'était guère favorable à la création d'un ensemble doctrinal ne pouvant utilement s'appuyer que sur des connaissances directement retirées de la donnée sensorielle. C'est ce que soutenait avec raison Gassendi, lequel rendait en même temps un autre service en essayant de reconstituer et de restaurer les idées d'Epicure.

Harvey avait en 1619 révélé la circulation du sang, Sténon avait établi le rôle essentiel des muscles (1) en montrant que le mouvement était le résultat exclusif de leur contraction propre et l'on commençait à se rendre quelque compte approximatif du mécanisme d'un être supérieur, quand une découverte physique vint entièrement transformer les conditions de la recherche et préparer de nouveaux concepts sur la vie et les vivants.

Le microscope fut inventé par Hans et Zacharias Janssen, le père et le fils, fabricants de lunettes à Middlebourg, aux environs de l'an 1590. L'instrument nouveau fut appliqué à l'étude des animaux par Malpighi et Leuwenhœck et à celle des végétaux par Nehemiah Grew et Robert Hooke.

Les découvertes de Leuwenhœck vont nous montrer tout de suite quelle révolution se préparait, puisque aussi bien nous ne reviendrons plus sur ses travaux qui sont plutôt un amas de documents qu'une élaboration scientifique. La foule de ses observations est réunie en quatre volumes (2), faits sans méthode, sans souci de théorie et sans plan d'ensemble. Peu instruit, paraît-il, il s'appliqua seulement à reconnaître, avec le très bon microscope qu'il s'était fabriqué, tout ce qui lui tombait sous la main. A cet âge d'or, il ne pouvait faire autrement que de recueillir des moissons merveilleuses.

Il découvrit les rotifères et les infusoires, la reproduction agame des pucerons, la formation des bourgeons sur l'hydre d'eau douce, la striation transversale des fibres musculaires qu'il résolut en fibrilles, les globules du sang et les capillaires, établissant la continuité entre les artères et les veines et parachevant la découverte d'Harvey en montrant la circulation capillaire dans la queue transparente du têtard de grenouille.

1. *Elementa myologiæ*. Florence, 1677.

2. *Arcana naturæ detecta*. Delft, 1695-99.

On lui fait également honneur de la découverte du spermatozoïde; mais elle est due à Louis de Hammen, de Stettin, étudiant à Leyde, qui la réalisa en 1677.

Le milieu propice à la recherche scientifique allait toujours en s'améliorant; les Académies ébauchées au siècle précédent se multiplièrent et trouvèrent enfin des conditions de durée. Si l'Academia dei Lincei, fondée à Rome en 1590 par le prince Cezi, ne survécut guère à la mort de celui-ci (1651) et si l'Academia del Cimento, que créèrent à Florence Borelli, Redi et d'autres savants, dut suspendre ses séances en 1660, quelques autres, nées à cette époque, se sont perpétuées jusqu'à nos jours. Citons l'Académie Royale de Londres qui, fondée à Oxford en 1645, fut transportée à Londres en 1660, l'Academia naturæ curiosorum, qui se réunit d'abord à Schweinfurth en 1651, puis successivement à Breslau, Nurenberg, Bonn et enfin à Vienne en 1677, où elle fut établie par l'empereur Léopold et où elle est demeurée sous le nom d'Académie Léopoldine, l'Académie des Sciences de Paris, fondée en 1666 par Colbert, l'Académie de Berlin, par le roi Frédéric Ier en 1700, et l'Académie de Saint-Pétersbourg, par l'impératrice Catherine I.

En même temps les travaux gagnaient en précision par l'emploi de procédés rudimentaires encore, mais cependant utiles. Swammerdam inaugurait la pratique des injections, permettant d'étudier un système compliqué de vaisseaux en substituant au liquide qu'ils contiennent naturellement une substance fluide capable de durcir, par exemple du suif. Les voyages multipliés depuis deux siècles avaient à la longue fourni d'innombrables matériaux qui s'accumulaient dans les collections. Un progrès considérable fut réalisé pour la conservation des pièces, grâce à l'emploi de l'alcool. Au XVe siècle, ce liquide n'était encore qu'un médicament entre les mains des pharmaciens; à la fin du XVIe siècle, tous les peuples d'Europe en faisaient usage comme boisson ; ce fut seulement au début du XVIIe qu'on l'employa dans les collections.

Depuis longtemps déjà, pour les besoins de la médecine et pour la culture des plantes qu'elle emploie, on avait créé des jardins botaniques. Le plus ancien fut établi à Venise, sur un emplacement cédé par la République à Gualterus (1533). D'autres furent fondés à Padoue (1545) et bientôt après à Pise. Aldrovande, à la suite de longues luttes, réussit à en faire créer un à Bologne (1568).

A Leyde, en Hollande, la Faculté de médecine eut son jardin en 1577. Henri IV dota la Faculté de médecine de Montpellier d'un semblable établissement (1598) et chargea, à Paris, Jean Robin (1597) de cultiver dans un emplacement particulier les plantes rapportées d'Amérique par les voyageurs. Enfin, le Jardin des Plantes actuel fut fondé par Bouvard et Gui de la Brosse, médecins de Louis XIII, qui acquirent au nom du roi un terrain de deux arpents (1633) accru, trois ans plus tard, de douze autres arpents. Louis XIV y adjoignit une ménagerie dont les sujets devaient à leur mort fournir des matériaux d'étude. Les premiers savants préposés à ces recherches anatomiques furent Claude Perrault, Méry et Duverney.

L'accumulation des données sur les organes et sur les formes animales et végétales risquait d'amener une extraordinaire confusion et presque une impossibilité d'exprimer avec clarté et de reconnaître les objets d'après les descriptions. Le botaniste John Ray (1628-1704) rendit un signalé service en précisant et définissant la notion d'espèce. Mais cela ne suffisait pas encore, et l'examen des travaux de Réaumur (1683-1757), qui témoigne des grands progrès réalisés dans la façon d'observer, montre en même temps l'impasse vers laquelle se dirigeait la science, faute d'une nomenclature précise pour dénommer et de règles consenties pour décrire et définir les objets. Les six volumes de ses *Mémoires pour servir à l'histoire des insectes* sont remplis d'observations délicates et consciencieuses sur les métamorphoses, les mœurs, la vie sociale de ces animaux; malheureusement, les types dont il parle ne sont pas toujours reconnaissables, ni ses observations applicables exactement.

En dehors des progrès intrinsèques qu'il fit faire à la science, le suédois Linné (1707-1778) la dota d'un moyen de perfectionnement qui fut un des facteurs importants de ses progrès ultérieurs. Si la science est entre autres choses, sinon même avant toute chose, le moyen de symboliser et d'exprimer les idées que nous retirons des phénomènes, ce n'est pas un léger service à rendre que de créer une symbolique simple, facile à retenir et à comprendre par le plus grand nombre, aussi adéquate qu'il se peut aux événements naturels. Linné le fit d'une façon dont l'utilité dure encore.

Avant lui, chaque être vivant était désigné par son nom commun; mais rien n'est variable comme l'application de ces termes qui changent de sens suivant les localités d'un même pays, et cela est spécialement reconnaissable pour les poissons. De plus, chaque être a souvent plusieurs noms. Pour les êtres que les savants avaient eux-mêmes découverts et qui n'avaient pas de noms usuels, ils étaient désignés par des vocables construits d'une façon pédante qui prétendaient exprimer à la file les diverses qualités, et auxquels personne ne connaissait plus rien. Les descriptions étaient lourdes, désordonnées, imprécises.

Reprenant tout, Linné commença par définir et subordonner les termes de règne, classe, ordre, genre et espèce; puis, proposa de dénommer chaque être par deux mots latins : le premier exprimant son genre, le second, son espèce. C'est la nomenclature binaire toujours en usage. En outre, chaque espèce fut caractérisée par une formule brève, élégante, concise et précise où le choix des termes, traduction exacte d'une idée parfaitement nette et d'une vue limpide des qualités, ne laissait rien à désirer pour tout ce qui était bien connu de son temps et peut toujours servir de modèle pour ce qu'on a appris depuis.

CHAPITRE III

Conditions modernes de la recherche.

Sommaire. — La véritable nature des fossiles enfin reconnue. — La première carte géologique. — Les explorations scientifiques au XIXe siècle. — Les dragages abyssaux. — Les laboratoires maritimes et les stations de biologie végétale. — Développement de la géologie par l'activité industrielle et minière. — Progrès de la technique pour l'examen microscopique. — La méthode expérimentale : Claude Bernard et Pasteur.

L'essor immense des sciences naturelles à partir de Linné montre mieux que tout discours l'importance considérable de l'expression et la valeur des services rendus par ceux qui savent dire juste, qui luttent contre la confusion des idées et des termes, malgré le dédain que, suivant l'usage, témoignent pour ces qualités ceux qui en sont dépourvus.

La réforme était d'autant plus urgente que les investigations s'étendaient à des objets nouveaux. Les coquilles de mollusques commençaient à donner lieu à des comparaisons et à des classements intéressants où l'on cherchait maintenant à faire rentrer les débris fossiles. Malgré les idées antiques de Xénophane et les indications plus récentes de Léonard de Vinci et de Bernard de Palissy un des meilleurs conchyliologistes de l'époque, Martin Lister, considérait en 1690 les fossiles comme des minéraux. Cependant une réaction très vive contre ces idées était en train de triompher grâce aux efforts de Woodward qui établit (1695) que les coquilles fossiles montrent encore la même structure du test que les vivantes. On les considéra donc désormais comme les restes d'animaux abandonnés par les eaux du Déluge, mais on ne savait pas en faire de différences avec les coquilles actuelles, ni retirer de là la notion d'espèces éteintes, ultérieur succès qui était réservé à Cuvier pour les vertébrés et à Lamarck pour les mollusques.

Un indispensable progrès fut réalisé dans la géologie naissante par la constitution de cartes sur lesquelles était relevée la nature des roches affleurant en chaque lieu. La première idée en est due à Martin Lister (1683); elle fut reprise en France par Guettard en 1746.

Les animaux inférieurs commençaient à susciter des recherches précises. Les travaux de Lyonnet sur la chenille du saule (1762), de Trembley sur l'hydre d'eau douce (1744) étaient les avant-coureurs du grand mouvement de curiosité vers ces êtres auquel Cuvier allait donner le branle décisif.

En même temps les Jussieu, éminents botanistes d'origine lyonnaise, édifiaient la méthode naturelle qui mit, pour ainsi dire, le dernier terme aux progrès possibles dans l'art de classer et d'ordonner les objets naturels.

On put craindre un moment que les philosophes de la nature, Oken, Schelling et leurs disciples, n'en vinssent par leurs idées à priori à créer un mouvement de recul vers les mauvais jours de la scolastique; mais leur influence locale et momentanée ne laissa pas de traces sur la science. Si nous avons à revenir plus tard sur quelques-unes de leurs vues ce ne serait qu'à titre de type ou d'étalon et pour y rapporter quelques conceptions dont le caractère à priori et déductif est moins apparent ou moins connu.

Grâce à l'organisation du travail et à la coordination des efforts, résultat produit par la multiplication des chaires, des laboratoires, des revues permettant la diffusion prompte et spécialisée des découvertes, le progrès scientifique fut rapide et continu dans le cours du XIXe siècle. En outre le grand mouvement philosophique du siècle précédent avait porté des fruits salutaires. Les temps étaient passés où l'on avait vu successivement condamner Roscelin, excommunier Occam, exiler Buridan, inquiéter Raymond de Sébonde, emprisonner Galilée et Aldrovande, brûler l'œuvre de Copernic. Les savants n'ont plus à repousser que des attaques par la plume ou le livre, et ne redoutent pas ces combats. Les pouvoirs établis, loin de peser sur eux, favorisent leurs recherches, et mettent à leur disposition des ressources matérielles qu'ils rendent centuplées par un accroissement sans pareil de civilisation.

La connaissance des formes animales et végétales déjà poussée très avant à la fin du siècle précédent s'étendit singulièrement par les grands voyages d'exploration auxquels furent associés des naturalistes. La France fournit à cette recherche un honorable contingent d'hommes et de travaux. Après les voyages de Bory de Saint-Vincent et ceux de Péron et Lesueur embarqués en 1800 sur le *Géographe*, le *Naturaliste* et le *Casuarina*, les zoologistes Quoy et Gaimard avec le botaniste Gaudichaud firent le tour du monde de 1822 à 1825 à bord des corvettes *Uranie* et *Physicienne*. A la même époque Duperrey accomplit un voyage de circumnavigation sur la *Coquille*. De 1826 à 1829 Quoy et Gaimard partirent de nouveau pour accompagner Dumont d'Urville dans la célèbre campagne de l'*Astrolabe* et Gaudichaud renouvela ses explorations botaniques à bord de l'*Herminie*, puis fit encore un voyage sur la *Bonite*. Enfin Dumont d'Urville prit avec lui les naturalistes Hombron et Jacquinot sur l'*Astrolabe* et la *Zélée*.

Les Anglais de leur côté concouraient à étendre cette partie de la science. Le plus célèbre des voyages qu'ils accomplirent est celui de l'*Adventure* et du *Beagle* (1826-1830), sous les ordres du capitaine Fitz-Roy ; le naturaliste de cette expédition était Charles Darwin. Le botaniste Hooker accompagna l'expédition de l'*Erebus* et de la *Terror* dans les mers antarctiques. Enfin de 1846 à 1850 Huxley prit part à l'expédition du *Rattlesnake*.

Il ne faut pas manquer de signaler l'expédition russe du *Rurick* (1815-1818) commandée par Kotzebue ayant à son bord le poète naturaliste Adalbert de Chamisso qui fit à cette occasion sa mémorable découverte de la génération alternante chez les salpes.

Rappelons encore l'exploration de l'Amérique du Sud par le géologue Alcide d'Orbigny de 1826 à 1833, et les voyages d'Al. de Humboldt dans l'Amérique du Sud et la Russie d'Asie.

Depuis, les explorations se succédèrent presque sans interruption et l'expansion coloniale de la fin du siècle contribua à entretenir ce mouvement, dont l'histoire particulière nous entraînerait trop loin.

Les faunes cependant sont peu à peu connues, celles du moins qui peuplent les continents, les îles, les rivages ou qui flottent à la surface des mers. Mais la vie ne s'étend-elle pas aussi dans les profondeurs de cette immense masse d'eau salée qui couvre les trois quarts de notre planète?

Déjà John Rose avait, en sondant à plus de 1,900 mètres dans la mer de Baffin remarqué dans la petite quantité de vase remontée par la sonde des tubes d'annélides et une belle étoile de mer du genre *Euryale* enroulée sur le fil de sonde à environ 800 mètres, quand James Clarke Ross rapporta de ses sondages pratiqués de 1839 à 1847 dans la région antarctique une faune très riche, alors nouvelle et que l'on reconnut plus tard très voisine des espèces boréales rencontrées aux mêmes profondeurs.

Brooks en Amérique adapta à la sonde un appareil rapportant du fond une quantité de vase importante. Dans le détroit de Dawis on trouva en 1845 cette vase imprégnée de coquilles microscopiques de foraminifères.

Mais on objectait toujours que tous ces débris étaient tombés sur le fond et que les êtres eux-mêmes dont ils étaient les restes n'y avaient pas vécu, ou, s'il s'agissait d'êtres vivants, on prétendait qu'ils avaient été accrochés en remontant par la sonde près de la surface.

D'autant plus que Forbes, qui le premier avait institué des recherches méthodiques sur ces sujets, le long des côtes d'Angleterre d'abord et plus tard en 1859, dans la mer Egée, assurait qu'au-dessous de 350 mètres aucune vie n'est possible.

Le hasard lui donna un démenti retentissant. Le câble sous-marin immergé entre la Sardaigne et Bône eut, en 1857, besoin de réparations. Il fut relevé sur une longueur d'environ 40 milles marins dans la partie voisine de la Sardaigne, où il reposait dans une vallée sous-marine d'environ 2,000 mètres de fond. Sur toute sa longueur l'enveloppe était recouverte de brachiopodes, d'ascidies, etc., tous animaux fixés qui avaient certainement vécu dans la position même où on les trouvait. Alphonse Milne Edwards décrivit sur un fragment du câble une quinzaine d'espèces nouvelles.

En 1868, Wywile Thompson et Carpenter obtinrent de l'amirauté anglaise un vieux bateau à vapeur, le *Ligthing*, qui, malgré des conditions défectueuses, permit aux environs des Feroë une brillante moisson. Un nouveau navire mieux armé, le *Porcupine*, fit deux expéditions successives.

En 1871, Louis Agassiz explora avec le *Hasler* la mer des Antilles et mourut peu de temps après le retour. Son fils Alexandre Agassiz avec le comte de Pourtalès continua la série des dragages et effectua trois campagnes.

La mieux organisée, la plus longue et la plus instructive de toutes les expéditions fut celle du *Challenger* (1873-1876) qui fit le tour du monde en draguant.

Enfin la France arma pour des recherches analogues le *Travailleur*, le *Talisman*, et plus récemment le *Caudan*. Tout dernièrement (1899) la Belgique a envoyé un de ses navires la *Belgica* explorer l'Océan antarctique.

Le prince Albert de Monaco continue cette importante série de travaux et consacre tous ses voyages nautiques à des dragages et à des pêches de surface qui accroissent régulièrement le nombre des formes connues.

L'ensemble de ces études a produit des résultats de premier ordre. Toute une faune, dite abyssale, est sortie des grands fonds avec ses caractères particuliers apportant d'innombrables enseignements sur l'adaptation aux conditions du milieu, la distribution des vivants, leur migration en surface et en profondeur, l'existence enfin de la vie jusqu'à 8,000 mètres au sein des océans.

Les explorations lointaines et les recherches fauniques sont loin d'accaparer, il s'en faut, tous les naturalistes. Un bon nombre poursuit l'enquête anatomique inaugurée par Cuvier sur les animaux inférieurs. Les rivages marins sont leurs stations préférées d'études : Henri Milne Edwards en Sicile, de Quatrefages, sur les côtes de l'Atlantique, Johannès Müller à Naples, Kleinenberg en Sicile, Lacaze-Duthiers aux Baléares et en Tunisie et beaucoup d'autres accumulent les données sur l'organisation des mollusques, des vers, des tuniciers, des coraux. De leurs inconfortables et fructueux séjours naissent les projets de laboratoires maritimes permanents. Il s'en fonde à Concarneau, à Roscoff, à Naples, plus tard à Trieste, Wimereux, Banyuls, Saint-Waast, Heligoland, etc.

Les botanistes aussi cherchent à étudier sur place les manifestations de la vie végétale. Une station est créée à Antibes ; de nos jours elles se multiplient, les Hollandais en possèdent une merveilleuse à Java, l'Université de Paris a parmi ses annexes un laboratoire de biologie végétale à Fontainebleau, celle de Grenoble une station alpestre au col du Lautaret. Et nous renonçons à toute velléité d'énumération complète, voulant montrer seulement combien les conditions extérieures de la recherche scientifique se sont rapidement améliorées et de quelle façon sont arrivés au nombre prodigieux qu'ils atteignent les travaux les plus divers.

Dans le même temps, les revues spéciales multipliées déversent incessamment une telle quantité de mémoires que, pour arriver seulement à les rechercher et les atteindre tous, il a fallu créer des périodiques exclusivement consacrés à la bibliographie. Citons seulement à titre d'exemples le *Jahresbericht* de la station de Naples et, pour la France, l'*Année biologique*.

Parallèlement à cela une intense exploitation minière, les percements de tunnels, les forages de puits, les ouvertures de tranchées permettent à la géologie, née avec le siècle, de suivre sous divers aspects les différents strates qui forment la couche solidifiée de notre planète.

L'emploi du microscope se généralise, la théorie cellulaire est établie, les études d'embryologie naissent et se développent, la cytologie, une science nouvelle, apparait cherchant au sein même de la cellule à relever les aspects les plus ténus des manifestations vitales.

Si les tissus végétaux se prêtèrent de suite en raison de leur dureté à la préparation de coupes assez minces pour que le microscope pût en révéler la structure, il n'en fut point de même pour les tissus inconsistants des animaux. Des procédés habilemen variés furent successivement découverts et perfectionnés pour fixer les tissus, c'est-à-dire les tuer brusquement afin qu'ils gardent leurs formes, pour les durcir, pour les inclure, c'est-à-dire les incorporer dans une substance, telle que le collodion ou la paraffine, qui, en durcissant par évaporation ou refroidissement, laisse un bloc dans lequel avec un rasoir on peut pratiquer des coupes aussi fines que l'on veut. Ce dernier résultat est acquis par la construction d'un instrument appelé microtome, varié de formes, mais toujours tel que la pièce à couper avance, pour tomber sur le rasoir, par l'action d'une vis micrométrique et d'aussi peu qu'on veut, de 1/200e de millimètre par exemple. On débite ainsi en tranches infiniment minces un petit animal ou un fragment d'organe; le microscope révèle ce que contient chaque coupe; l'addition donne la structure de l'être entier.

Cette technique ne fut pas l'œuvre d'un jour. Successivement perfectionnée, surtout depuis vingt ans, elle s'associe à celle des colorations, qui d'abord prétendit uniquement à rendre plus visibles les coupes trop transparentes et qui maintenant s'essaie et réussit à différencier entre eux, en y fixant des couleurs ou des teintes variées, les tissus, les cellules et même les diverses parties des cellules.

On apprenait d'un autre côté à pratiquer par le frottement sur la meule des lames très minces dans les substances minérales. Les plantes fossilisées de la houille furent de la sorte soumises à une étude micrographique aussi minutieuse que les plantes actuelles et des comparaisons précises et pleines d'intérêt purent être effectuées. Les progrès des physiciens en optique mirent encore avec les propriétés de la lumière polarisée un autre instrument au service des recherches sur la nature. Les roches, formées de minéraux cristallisés, débitées en lames minces sont aujourd'hui analysées par le microscope polarisant avec une sûreté parfaite.

Si nous avons cru devoir, et sans citer aucun nom pour n'être pas débordés par leur abondance, entrer dans ces indications sommaires et générales sur les diverses techniques, c'est qu'elles représentent éminemment le milieu qui conditionne la science actuelle; et c'est par leur connaissance seulement qu'il est permis de concevoir le degré de pénétration des travaux modernes.

Par la création de la méthode expérimentale Claude Bernard avait fait de la physiologie une discipline autonome, base solide pour la médecine en même temps que pour la morphologie, à mesure que l'on est davantage convaincu du rapport étroit entre la forme des organes et l'accomplissement des fonctions.

Les travaux de Pasteur, et ceux qui en dérivèrent, en même temps qu'ils eurent pour l'explication de certains phénomènes chimiques, les fermentations, une portée décisive, transformèrent les idées dans toutes les sciences biologiques. Sans parler des progrès considérables qu'ils déterminèrent dans la médecine et la chirurgie, ils contribuèrent à établir des concepts nouveaux dont nous parlerons plus tard comme absolument incorporés à la construction scientifique.

LIVRE II

LA RECHERCHE DES LOIS DE FRÉQUENCE ET LA DISCONTINUITÉ

SOMMAIRE :

CHAPITRE I

Équilibre, Fréquence et Discontinuité.

Sommaire. — L'ensemble des vivants représenté comme en équilibre. — Les conditions de l'équilibre recherchées dans les propriétés mêmes des êtres vivants. — Ces idées ne sont fondées que sur les phénomènes fréquents, négligent la rareté, font abstraction de l'exceptionnel, créent des discontinuités. — La notion de type. — L'importance équivaut-elle à la constance?

D'après le plan présenté dans notre introduction, nous devons étudier maintenant les œuvres qui ont édifié comme une statique la combinaison des phénomènes naturels, et, par le titre de notre chapitre, nous identifions pour nos sciences cette sorte de construction intellectuelle avec la recherche des lois de fréquence; nous commencerons d'abord par montrer qu'il en est effectivement ainsi.

La statique est la partie de la science qui traite de l'équilibre, et l'équilibre est le résultat de l'action des forces qui s'annulent. L'immobilité, qui est un des aspects de l'équilibre, se distingue du repos réalisé par l'absence de toute action.

Il est impossible de concevoir aucun des objets existant dans la nature, spécialement ceux que nous nommons vivants, comme au repos complet; mais l'on peut concevoir qu'ils sont soumis à des forces diverses dont les effets s'annulent. C'est ainsi que, sous l'action du milieu extérieur à lui, chaque être vivant est le siège d'un certain nombre de phénomènes qui l'usent peu à peu et finalement le détruisent, mais en même temps le font se reproduire, c'est-à-dire font apparaître d'autres êtres semblables à lui pour le remplacer. De cette manière, l'ensemble des vivants est en équilibre.

Il devrait croître, à considérer seulement ce que nous avons dit, car un individu qui meurt en produit plusieurs autres; mais de ces autres, par l'ensemble complexe des causes, beaucoup n'atteignent pas l'état adulte, plusieurs l'atteignent sans se reproduire, et, tout compensé, les destructions et les remplacements s'équivalent.

Parmi les facteurs qui empêchent l'indéfinie multiplication des vivants, on a toujours remarqué la destruction des plantes par les animaux herbivores et la réduction de ceux-ci par les carnivores ; toutefois, dans la conception statique, la lutte pour la vie n'est rien d'autre qu'un faisceau des forces qui viennent s'annuler dans l'équilibre d'ensemble.

Les espèces, groupes des individus auxquels nous donnons le même nom, sont de la sorte limitées les unes et les autres, et l'on ne conçoit pas que les forces du milieu puissent produire d'autre effet que de se détruire dans les vivants, sans travail interne et sans modifications subséquentes de la structure et de la forme.

Parmi les lois statiques, il en est une bien des fois exprimée. Elle consiste à affirmer que les espèces les plus exposées à d'amples réductions ont en revanche une faculté de reproduction particulièrement intense. Sans d'ailleurs nous attarder à chercher s'il y a entre les deux phénomènes aucun autre rapport que la finalité par nous-même introduite, nous savons bien que ce n'est pas toujours vrai, et, sous nos yeux, des races d'hommes, des espèces de mammifères : mammouths, cétacés, loups, lions ont disparu ou disparaissent parce que la reproduction n'en compense pas la destruction. Et cela nous fait soupçonner déjà que cette loi statique, comme sans doute toutes les autres, est retirée de la seule considération des phénomènes les plus souvent rencontrés, les plus fréquents, en oubliant les plus rares.

Si l'on a d'abord cette idée que les forces extérieures aux vivants ont en fin de compte pour unique effet de s'annuler en eux, la considération de ces forces est d'un intérêt médiocre, ou du moins peut-on n'en parler que pour dire une fois pour toutes leur résultante nulle et ne plus s'en occuper jamais. Mais il reste un autre champ d'études. De même que la mécanique statique cherche dans la configuration des corps des conditions intrinsèques pour leur équilibre et, par exemple, détermine en fonction même de cette figure un point, ou centre de gravité, tel que, malgré la pesanteur, l'équilibre du corps entier soit assuré dès que le point en question est soutenu, ou que sa verticale passe par le polygone de sustentation ; de même aussi la science naturelle statique cherche dans la configuration des êtres ou dans leurs qualités propres les dispositions favorables à l'existence de l'équilibre général et à son maintien.

Elle s'attache à trouver dans les objets eux-mêmes les raisons qu'ils ont d'être tels, de demeurer et de se perpétuer. Elle se complaît et s'enferme dans cette recherche ou n'en sort que pour montrer les actions du milieu qui s'annulent dans l'être considéré, et par le fait seul des dispositions de sa forme. S'agit-il d'un animal que l'ensemble des circonstances oblige à se nourrir de chair ou d'insectes ou de fruits ? il a les dents de telle, telle, ou telle autre façon. Est-ce une plante qui ne peut disséminer ses graines et va périr étouffée sous ses rejetons qui s'étouffent entre eux? Son fruit est alors charnu, et les oiseaux qu'il tente comme proie iront semer au loin la graine indigeste avalée avec la pulpe. Et ainsi de suite; toute la science peut être présentée de la sorte, et garder encore une assez belle allure en ne montrant, abstraction faite du reste, que l'harmonie des adaptations. Elle conduit ainsi à une vision cosmique parfaitement optimiste.

Exposons maintenant que dans une vision sur la nature, ce point de vue ne peut exister que comme combinaison des concepts retirés du seul examen des phénomènes fréquents à l'exclusion des autres. Un homme scientifiquement cultivé devrait, à notre époque, se faire du monde où il vit une idée à peu près analogue à la suivante, et cette idée reposerait uniquement sur les données sensorielles qu'il possède, sans y mettre la moindre métaphysique.

D'abord rien n'est complètement distinct. Partons, pour fixer la pensée, de l'air atmosphérique; non seulement il entoure et baigne ce que nous appelons les corps, mais il les pénètre, s'y dissout, s'y combine, et eux se mêlent à lui. Il établit entre tout une continuité. Dans sa substance légère, non seulement suspendus, mais en constantes réactions chimiques avec elle, flottent par myriades des corps solides : poussières, fragments végétaux, pollens, microbes, germes en nombre infini. Dans certains lieux, des solides plus compacts plongent dans l'atmosphère leurs ramifications touffues, ce sont les végétaux; autre part, des corps anfractueux attirent le gaz dans leurs innombrables replis, ce sont les animaux. Il y a non seulement contiguïté, mais continuité de substance entre l'air et ces êtres, car incessamment l'oxygène s'incorpore à leur matière ou en ressort; et si l'on suit un petit volume du gaz dans les poumons, dans le sang, dans les organes, on ne peut dire à aucun moment avec certitude s'il est encore de l'air ou s'il est déjà du tissu animal. Il en va de même pour tout, pour l'eau que nous buvons, pour la vapeur qui monte de la mer, qui est le nuage, puis la pluie ruisselant sur le rocher qu'elle dissout. Le liquide qui coule n'est plus l'eau, n'est plus le rocher, mais il peut redevenir l'un et l'autre par évaporation. Rien n'est absolument ni complètement distinct de rien.

La vision continue dont nous venons d'esquisser quelques traits est bien loin d'être paradoxale, bien loin même d'être purement intellectuelle et les artistes à l'œil pénétrant l'ont comme les savants. Les peintres ne cherchent-ils pas à rassembler les êtres du paysage et à les amalgamer ensemble dans une gangue d'atmosphère ? Et certains même, comme Carrière, dont cette impression tourmente le génie, ne peignent-ils pas de façon que tout tienne à tout ?

Et cependant nous distinguons ; mais cette distinction n'est fondée que sur la fréquence, sur le nombre de fois très grand où les objets ont été vus distincts, c'est-à-dire sur la donnée sensorielle des hommes les plus nombreux, de ceux qui n'ont ni pesé les gaz, ni regardé les microbes, et qui ont dénommé séparément les objets qui leur semblaient séparés.

Cette création du nom est donc un premier symbolisme fondé sur la fréquence, une première discontinuité introduite par nous, une première simplification de la nature, une réalité distincte supposée aux objets individuels, alors que la réalité véritable ne s'applique qu'à l'infini et cohérent Cosmos.

La notion d'individualité n'est au reste consacrée par un nom propre à chaque objet que s'il s'agit de personnes humaines, de divinités anthropomorphiques, d'animaux vivant dans la société journalière de l'homme et d'un certain nombre d'astres (1). Tous les autres objets naturels sont désignés par catégories à l'aide de noms communs. La création de ces derniers, qui affirment des ressemblances entre objets non complètement identiques, traduit dans l'esprit la construction du type. Les noms d'animaux semblables dans toutes les langues aryennes, relevés par Carus, sont : bétail, bœuf, mouton, chèvre, porc, cheval, chien, âne, oie, rat, mouche, vers, ours, loup et renard souvent confondus, castor, reptile d'eau, serpent, loutre, coucou, corbeau. Ils expriment des catégories correspondantes à nos espèces, ou plus larges.

Ces noms communs et tous ceux qui ont pu être créés ou précisés plus tard représentent par rapport au nom propre un second symbolisme, une seconde simplification, qui, comme la première, est objectivement fondée sur la fréquence. En effet, dans tout groupe d'animaux que nous avons coutume d'estimer semblables, chacune des qualités que nous sommes capables d'exprimer par un mot abstrait : couleur, taille, poids, volume, vélocité, etc..., n'est pas développée à un degré identique et si nous faisons la mesure exacte de l'une d'elles, nous reconnaissons que les animaux considérés se distribuent par rapport à elle en sous-groupes, inégaux en nombre et tels que la qualité à son degré moyen s'applique au sous-groupe le plus nombreux. La moyenne d'une qualité tombe sur le plus grand nombre; nos noms de qualité expriment donc des maxima de séries et non des propriétés de grandeur absolue. Ils sont seulement l'expression de ce qui nous frappe le plus souvent, et l'abstraction consiste justement à négliger le rare.

1. Les noms géographiques sont d'anciens noms communs ou des noms propres de tribus humaines, ayant la personnalité sociale.

Cela étant, et puisque la notion de type repose sur l'égalité approximative, instinctivement reconnue, de toutes les qualités, elle est aussi fondée sur la fréquence. Or, la notion de type est l'origine de toute science statique; c'est elle qui, en retenant seulement les qualités moyennes et les cas nombreux, crée les ensembles discontinus, opposables en équivalence ou subordonnés, dont l'existence simultanée appelle l'idée d'équilibre.

Par ce fait seul et quand la statique a cherché l'expression de sa méthode, elle n'a pas pu la trouver en dehors des principes implicitement admis : l'importance même d'un caractère n'a eu d'autre mesure que sa constance, c'est-à-dire que plus était grand le nombre de fois où l'on rencontrait semblable à lui-même le caractère considéré plus il était tenu pour important; et la subordination des caractères n'est autre chose que l'échelle de leurs degrés de constance ou de fréquence.

Pour nous résumer et conclure : la statique est amenée à négliger les forces du milieu, et à tenir leur résultante pour nulle ; elle isole par suite les vivants dans le Cosmos et les traite en objets spéciaux. Elle fait abstraction de ce qui est rare, le nomme accident et anomalie et ne le fait pas rentrer dans ses lois.

La condition même de son existence est aussi de faire abstraction du temps; car en étudiant les phénomènes dans lesquels le temps intervient d'une façon notable (embryologie, paléontologie), on s'aperçoit tout de suite que les abstractions de la statique ne sont plus adéquates à l'ensemble agrandi des phénomènes.

Cette façon de grouper les faits, la plus abstraite de toutes, n'a pas été sans une grande importance pratique dans la construction de la science; et son utilité d'ailleurs est toujours incontestable.

Il importe seulement de bien préciser ce qu'elle vaut.

Ayant conçu l'équilibre du monde, l'esprit inquiet des hommes cherche, en outre, à savoir comment est survenu l'équilibre, comment il se conserve, et, pour explication, construit des hypothèses qui se ramènent à deux types essentiels. Les uns pensent qu'un être immatériel, supérieur au Cosmos son œuvre, prévoit et administre, et, projetant à l'infini leurs propres qualités de volonté, d'intelligence, d'ordre et de bonté, ils croient à une Providence éternelle. Dans cette vision, les phénomènes agencés ont un but, ils tendent vers une fin, ils n'ont d'autre raison d'être ou d'autre cause que de concourir à cette finalité. C'est un simple renoncement aux aspirations vers la causalité une fois pour toutes satisfaites.

Les autres supposent que le hasard sans lois simples, les phénomènes à marche confuse et compliquée arrivent en se heurtant, en se contrariant de mille manières à produire un ensemble que nous jugeons harmonique. C'est un renoncement aussi profond à toute recherche causale ; car le hasard est l'ensemble des déterminismes trop compliqués pour notre savoir, dont nous nous bornons à enregistrer les effets. Si cette seconde manière de voir supprime la finalité et le but, elle supprime aussi la connaissance des causes; elle est agnostique relativement aux questions qui intéressent l'homme de la plus poignante manière.

Ces deux croyances, quelquefois associées, l'une concevant une cause unique, simple et suffisante, l'autre admettant l'originel chaos organisé par des causes complexes et inconnues sont les deux types de constructions intellectuelles distinguées par H. Poincaré dans les hypothèses de la physique. Nous les avions nous-même autrefois opposées en comparant les principes de Lamarck et ceux de Darwin ; et nous les retrouverons toutes les fois où nous suivrons les théories qui veulent pénétrer les origines des êtres. Il faut toutefois dans les conceptions modernes remplacer par le déterminisme permanent le Dieu providentiel. Celui-ci n'est plus en dehors du Cosmos mais en lui ; il en est la loi suprême.

CHAPITRE II

La Terre tenue pour invariée et sans histoire depuis la Création.

Sommaire. — Les fossiles considérés comme des jeux de la nature — Premières tentatives d'explication par le déluge biblique.

L'histoire d'ensemble de la terre ne put pas rester longtemps conforme aux abstractions de la statique, car la question de causalité, de déterminisme et de changements survenus au cours du temps se posa dès que l'on reconnut la véritable nature des débris fossiles. Bien que depuis la plus haute antiquité Xénophane et, à la renaissance, Léonard de Vinci et Bernard de Palissy eussent assuré que les fossiles étaient des restes animaux, ces idées n'avaient pas été prises en considération. Elles étaient, en effet, trop opposées au sens commun, identifié suivant l'usage avec le bon sens. On n'y voulait voir que des jeux de la nature et c'était la seule explication qui parut admissible pour faire bien comprendre la présence d'objets qu'il eût fallu sans cela comparer pour la plupart à des animaux marins et qu'on trouvait sur les montagnes. Voltaire en riait encore.

Tout de même quand on eut l'heureuse idée de penser au déluge, et van Helmont, Fabio Colonna,

Boccone furent des premiers à le faire, on fut porté à croire que les fossiles pourraient bien être les restes des poissons et des coquillages charriés ou des êtres terrestres noyés par l'infini débordement des eaux.

L'idée ne pénétra pas sans peine et ce fut une longue dispute. Entre les deux camps ennemis des diluviens et des minéralistes, Edward Lhwyd dans son ouvrage, le *Lithophylocium* (1699), prit un moyen terme curieux parce qu'il nous renseigne sur les croyances relatives à la genèse ou organisation spontanée des formes. Des êtres vivants, ou en décomposition déjà, s'élèvent avec la vapeur d'invisibles germes qui, dilués par l'eau, suintent le long des rochers et des montagnes qu'ils pénètrent. Agissant sur les matériaux du voisinage, ils se développent en quelque manière aux dépens de la terre qu'ils conglomèrent en des formes semblables à celles des vivants, — sans la vie, considérée donc comme un principe spécial indépendant de la matière et de la forme. Il est assez curieux de voir rallié à de pareilles idées Ch. Nicolas Lang, de Lucerne, qui avait composé un catalogue complet des pierres figurées de la Suisse pour permettre de les déterminer et de les rapporter aux formes animales correspondantes.

Les diluviens cependant l'emportèrent. Jean-Jacques Scheuchzer, chanoine de Zurich, fut un des plus vigoureux champions de cette cause. Comme les autres, longtemps, il avait pris les fossiles pour d'aimables délassements de la nature ; mais l'étendue de sa collection le remplit d'évidence et en 1709 il publia son *Herbier du Déluge* (1) qui est le premier ouvrage de botanique fossile et qui relate les empreintes végétales alors connues. Puis, avec le zèle d'un converti, il combattit le bon combat. Il alla, du reste, un peu loin dans cette voie avec son retentis-

1. *Herbarium diluvianum*. Zurich, 1709.

sant mémoire sur le réprouvé *Homo diluvii testis* (1726) où Cuvier reconnut plus tard les restes d'une salamandre.

Le procès était néanmoins gagné et dès lors la géologie ne pouvait plus être statique. Car, encore que rapporté à la volonté de la cause première et unique, le déluge n'en était pas moins une manifestation spéciale, une sorte de cause seconde précise qui introduisait immédiatement les spéculations dynamiques. Et Cuvier lui-même si expressément statiste en biologie ne peut plus l'être totalement dès qu'il devient géologue et paléontologiste.

CHAPITRE III

Création des Catégories. — Les Classifications.

Sommaire. — Choix et appréciation des caractères. — Leur combinaison synthétique dans les classifications, œuvres purement intellectuelles. — Les catalogues, les systèmes, les classifications dites naturelles prétendent de plus en plus à l'objectivité. — Leur unique fondement objectif est le degré de constance.

Les habitudes d'esprit qui fixent l'attention seulement sur les phénomènes fréquents finiraient par fragmenter, par pulvériser même la connaissance du monde. L'intelligence humaine ne pourrait alors ni comprendre ni retenir si elle n'introduisait entre les données éparses, pour accéder à la notion d'équilibre exprimée ou non, des rapports de son choix, si, après avoir elle-même démonté par l'analyse, elle ne remontait par la synthèse qui lui convient. De telle sorte qu'en biologie la statique est de beaucoup la plus subjective façon de pénétrer les phénomènes; étant en outre la plus simpliste, sinon la plus simple, elle est comme la discipline élémentaire d'abord accessible.

Cela ne veut pas dire que ce fut la première édifiée par l'esprit des hommes. Elle s'est au contraire peu à peu construite et dégagée à mesure que les concepts, affirmés plus souvent, gagnaient en vénération à la façon d'idoles.

La partie de la science que l'on nomme les classifications constitue une notable partie de l'effort accompli pour réduire statiquement le monde. La découverte, l'expression des caractères qui distinguent, leur réduction à la grandeur ou au nombre, c'est-à-dire leur mesure, effectuent la fragmentation analytique des êtres. La mise en ordre des caractères retenus, leur combinaison faite de séparations et de groupements représentent la reconstruction synthétique, reconstruction purement intellectuelle, édifice de caractères, ordonnance de concepts, œuvre accomplie à l'occasion de la réalité où beaucoup se plaisent à voir, sans la moindre raison, l'image même de la réalité.

Aristote (384-322) fit dans cette voie la première œuvre importante qui nous soit parvenue. Il y décrit environ 500 espèces animales que l'on ne peut pas d'ailleurs toutes homologuer avec les nôtres. Les connaissances zoologiques et anatomiques qu'il a recueillies et systématisées sont déjà fort remarquables, si on les compare surtout à l'ignorance où se laissèrent tomber les hommes d'Occident depuis l'empire romain jusqu'au XIIIe siècle. Sans doute dans ses écrits bien des allégations se rencontrent que nous tenons aujourd'hui pour des erreurs, et les relever serait une tâche puérile. Quoi d'étonnant s'il ne sait pas distinguer les nerfs des tendons, ni que les muscles sont les organes du mouvement ?

Il est au contraire intéressant de remarquer que ses plus lourdes fautes d'interprétation sont un héritage des philosophies antérieures qui n'avaient pas encore irrévocablement construit le concept d'être vivant en tant que parfaitement distinct de l'ensemble des choses. Si le Stagirite sait bien que certaines espèces supérieures, telles que les hémiones, sont circonscrites par des possibilités d'accouplement et de génération féconde, s'il sait que les mollusques, les papillons, les poux, les mouches ont des œufs, il croit que ces œufs sont ordinairement stériles, que les êtres marins naissent de la bourbe qui fermente au fond des eaux, et que les chenilles s'organisent aux dépens des feuilles vertes. Le fondement solide de la discontinuité lui manque encore et nous verrons celui-ci peu à peu créé au cours du temps.

De même encore quand il distingue les animaux entre eux, on voit que, pour établir le choix de ses caractères, il ne possède pas avec une netteté absolue le criterium de la plus grande constance. En effet, celui-ci n'a d'autre fondement que la fréquence et ne peut devenir certain que par la multiplicité des recherches ramenant bien des fois pour beaucoup d'observateurs les mêmes phénomènes, et donnant par l'obsession des sens l'idée de l'importance objective. Cependant, c'est sur ce criterium que d'instinct Aristote fait reposer son classement.

Il reconnaît des animaux sociaux et solitaires, domestiques et sauvages, diurnes et nocturnes, aquatiques et terrestres, sédentaires et migrateurs. Et ce serait à priori un rangement aussi bon que n'importe quel autre, tout aussi existant et par suite aussi réellement vrai. Pourquoi ne nous satisferait-il pas aujourd'hui ? Parce que nous avons trouvé des caractères plus faciles à mesurer, c'est-à-dire plus commodément réductibles à nos propres moyens de connaître, et dont les degrés de constance, que nous prenons pour des degrés de vérité, sont plus faciles à apprécier.

Aristote lui-même l'a bien senti et ne s'est servi des distinctions précédentes que pour recouper des catégories déjà faites. Il sait notamment que poisson et oiseau ne sont pas identiques à animal aquatique ou ailé. Tout autrement fondés sont les huit grands « genres » ou classes qu'il retient : quadrupèdes vivipares — oiseaux — quadrupèdes ovipares — cétacés — poissons — mollusques céphalopodes — malacostracés (crustacés supérieurs) — entomes (insectes, arachnides et vers) et ostracodermes (gastéropodes, acéphales). Ces divisions traduisent, en somme, le jugement moyen qu'il porte sur les animaux, après considération de ce qu'il savait sur leur anatomie, leur physiologie, leurs mœurs, leur habitat et appréciation réfléchie, sinon exprimée, de l'importance afférente à ces diverses données. Au surplus, les groupes en question existaient déjà dans l'entendement de ses contemporains, puisqu'il en avait trouvé les noms tout faits dans la langue vulgaire ; il n'eut à créer que ceux de malacostracés et d'ostracodermes, lesquels ne correspondent pas, il s'en faut de beaucoup, aux coupes les mieux réussies. Tant il est vrai que dans l'œuvre d'un homme, la plus forte part est toujours l'apport de l'humanité antérieure.

Pour le philosophe de Stagire, la conception des vivants était une statique par le rapport même qu'elle avait avec l'ensemble de sa doctrine. Il distinguait pour obtenir l'explication d'une donnée quatre étapes causales : ὕλη, la matière (d'où), εἶδος, la forme (comment), κίνησις, le mouvement (par où) et τὸ οὗ ἕνεκα, la fin (vers où). Cette dernière considération annule d'avance tout arrangement cinématique qui pourrait résulter de la combinaison des trois premières ; car, à moins d'être privée de sens, elle implique nécessairement un concours des fins, une harmonie entre elles, et, pour conclure, l'équilibre entre les phénomènes.

Nous avons montré le rôle très grand qu'a joué Avicenne (Abou Ali ibn Sina) par ses commentaires d'Aristote. Né à Chiraz en 980, mort en 1036 à Hamadan, il fut un médecin réputé en même temps qu'un philosophe. La religion musulmane, en rapportant immédiatement à Dieu tous les événements, est, plus encore que la philosophie platonicienne, opposée à la science d'observation, puisqu'elle remplace dans l'Idée première la nécessité seule par une volonté plus ou moins arbitraire. Avicenne admit que la matière est distincte de Dieu et le théâtre de phénomènes contingents, possibles seulement et non nécessaires. De telle sorte qu'en dehors de Dieu et sans qu'il s'y intéresse ou les règle se passent des phénomènes non nécessaires, sans déterminisme dès lors, et qui sont au plus haut degré des manifestations du hasard. C'est ainsi qu'en mélangeant Aristote et Platon et pour ne pas opposer la nécessité des lois à la volonté du Dieu de l'Islam, Avicenne a fondé l'harmonie sur l'incohérence des possibilités.

Ayant dit déjà la renaissance et la durée de l'œuvre d'Aristote, nous allons maintenant voir se dégager de plus en plus et se caractériser les principes statiques et la méthode définitive s'établir par la seule précision qu'ils acquirent en s'exprimant. Sans nous arrêter bien entendu à tous les travaux, nous signalerons ceux qui jalonnent le plus nettement ce progrès.

La première œuvre qui doit retenir l'attention est celle d'Edward Wotton, né à Oxford en 1492 et mort en 1555 à Londres, où il exerçait la médecine. Résolument il rejette les monstres que tous les érudits du moyen âge avaient incorporés aux données scientifiques, ou n'en parle qu'avec méfiance comme de traditions douteuses ; et c'est la première application nette, depuis Aristote, du principe de fréquence considérant comme nuls des êtres qui ne peuvent pas être revus souvent et par tout le monde.

Au lieu de traiter, avec ses contemporains, les animaux comme un vague ensemble duquel on ne faisait sortir que des admirations pour la vie et le Créateur, il entreprend d'analyser et de percevoir sous le vocable général des différences ; il insiste même assez sur cette nécessité primordiale de distinguer et de séparer pour que son livre soit intitulé : *De differentiis animalium.*

D'abord Wotton y expose la constitution du corps et montre comment les animaux peuvent différer d'innombrables façons par la présence ou l'absence de certaines parties, par les mœurs, par les mouvements, les organes des sens, la reproduction, la nourriture, la respiration, etc... Puis il sépare comme Aristote ceux qui sont pourvus de sang et ceux qui n'en ont pas et, dans chacun de ces deux grands groupes, il en établit d'autres qui vont des êtres aériens aux êtres aquatiques. Dans le premier il range : les quadrupèdes vivipares, les reptiles, les oiseaux aériens et aquatiques, les cétacés et les poissons ; dans le second les insectes et arachnides, puis les mollusques, les crustacés et les zoophytes. Et cette gradation traduit le reste des préoccupations sur la genèse marine qui s'étaient sans interruption perpétuées et qui, en vérité, devaient être éliminées par les principes statiques à mesure que l'on en prenait mieux conscience.

Ce travail n'exerça pas sur la science contemporaine toute l'influence qu'il aurait dû avoir. Il était considérable cependant et, avec celui de Césalpin, plus philosophique que tous ceux de la même époque.

Andrea Cesalpini, né à Arezzo en Toscane, enseigna longtemps la médecine, à Pise d'abord, puis à Rome où il fut attaché au pape Clément VIII et où il mourut. Il possédait une connaissance profonde des écrits d'Avicenne et d'Averroës et assignait à la science pour but de réunir les analogues et de séparer les dissemblables. Il la voyait surtout comme destinée à distinguer les formes, à les ordonner et les classer sans chercher à les sérier ou à les expliquer; il est donc bien dans la méthode statique. Occupé surtout de botanique, il distribua dans son livre « *De Plantis* » (1583) plus de 800 espèces végétales en les divisant d'abord en herbes et en arbres. Puis, frappé de l'importance des graines qu'il compare aux œufs des animaux, il chercha à trouver des caractères dans les organes où elles sont produites, c'est-à-dire dans les fleurs et les fruits, distingués d'après le nombre des cellules et des capsules et d'après la forme ou la disposition des graines. C'est le premier système botanique, c'est-à-dire le premier rangement ordonné d'après les caractères d'un seul organe.

Presque contemporains des précédents : Rondelet, Gesner et Aldrovande se montrèrent supérieurs à eux par la description et la figuration des êtres, par l'analyse si l'on veut, mais ils demeurèrent inférieurs dans la reconstitution synthétique et dans le groupement des caractères.

Rondelet naquit en 1507 à Montpellier où il revint professer et mourir (1556) après avoir voyagé en Hollande et en Italie. Son principal ouvrage, consacré aux poissons, fut publié en deux fois en 1544 et 1555. Les termes d'animaux aquatiques et de poissons ne sont pas encore parfaitement distincts pour lui. Il n'édifie pas de système théorique; mais s'arrête au procédé pratique qui consiste d'abord à décrire minutieusement un type bien connu pour y rapporter ensuite tous les autres. A cet effet il choisit la dorade, et fait connaître à la suite 264 espèces de poissons. Il croit encore que les petites espèces au moins naissent du sable ou du limon de la mer et continue à propager les fables antiques sur le pouvoir que possède le *remora* d'arrêter les barques en mer. Il n'en jette pas moins les fondements solides de l'ichthyologie.

Conrad Gesner, savant suisse, né à Zurich en 1515 appartenait à la religion réformée. Excellent humaniste, on lui doit des éditions et des traductions de plusieurs auteurs grecs, notamment d'Élien. Il étudia les sciences à Strasbourg, Paris et Montpellier où il se lia avec Rondelet. Plus tard il visita Augsbourg, Venise, Vienne, recherchant partout les descriptions précises et les dessins exacts. Médecin à Zurich, sa patrie, il prodigua ses soins pendant l'épidémie de peste de 1564; mais au retour du fléau, l'année suivante, il fut à son tour atteint et mourut en 1565.

En botanique il avait esquissé le groupement des plantes d'après leur fructification, idée qui fut reprise et réalisée par Césalpin. Son histoire des animaux, plus importante, comprend 4 volumes et fut publiée en latin de 1551 à 1558. Il n'y développe ni vues d'ensemble ni théories; mais établit en somme un catalogue excellent et un répertoire ordonné de ce que l'on pouvait savoir sur l'habitat, la forme extérieure, l'anatomie, la biologie, les mouvements, les mœurs et les usages alimentaires ou médicaux des animaux divers. Ceux-ci sont rangés exclusivement d'après l'ordre alphabétique de leur nom latin. Il avait rassemblé un amas considérable de documents et surtout de dessins, grâce à de nombreux correspondants, parmi lesquels Rondelet qu'il se borne presque à reproduire pour ce qui concerne les poissons.

Aldrovande entra dans la voie qui consistait à compléter les descriptions d'objets naturels par des dessins aussi exacts que possible; les peintures fort belles dues à divers artistes, qui ont servi aux illustrations de ses œuvres ont été pendant la Révolution transportées au Muséum d'histoire naturelle de Paris.

Entraîné par Rondelet dans les études de la nature, Aldrovande ne fut pas sans rencontrer au début de ses travaux quelques déboires. Saisi à Bologne en 1549 sous l'inculpation d'hérésie, il fut envoyé à Rome et emprisonné. Il ne recouvra la liberté qu'à l'avènement du pape Jules II.

Le catalogue qu'il dressa est plus complet que celui de Gesner, parce qu'il contient beaucoup d'animaux de l'Inde et d'Amérique. Il conserve encore plusieurs des légendes traditionnelles qui avaient eu cours aux siècles précédents, particulièrement sur les oies arborigènes; son essai de classification repose sur les qualités extérieures seules et non sur les propriétés organiques que Wotton avait déjà tenté d'utiliser.

La méthode statique fit un progrès décisif avec les travaux de John Ray, tant par la valeur technique de ceux-ci que par l'essai, pour la première fois tenté, de donner une définition objective du mot espèce. Sans doute on en avait bien la notion déjà et elle s'était manifestée par la création des noms pour les animaux. Mais, si cela suffisait pour les êtres fréquents, vulgaires et connus de tous, il était loin d'en être de même pour ceux qui n'étaient pas accessibles à la connaissance banale et à propos desquels régnait une incertitude perpétuelle. Ce progrès du reste sera mieux senti quand nous traiterons plus loin des controverses relatives à la notion d'espèce.

Ray professa successivement à Cambridge le grec, les humanités et les mathématiques, reçut les ordres en 1660, mais, ayant refusé son adhésion à l'acte d'uniformité (1662), il dut quitter sa place au Trinity College. Il avait déjà publié des travaux de botanique et se consacra dès lors exclusivement aux sciences naturelles avec son ami Willoughby, qui, ayant de la fortune, se chargea de le défrayer.

Les grands travaux de Ray sont : *Historia plantarum* (1686 et 1693) ; *Synopsis methodica quadrupedum* (1693) — *avium*, — *piscium*, publiés après sa mort en 1713. Il avait aussi fait paraître en 1675 sous le nom de Willoughby une ornithologie composée, partie avec les notes laissées en mourant par son ami, partie avec les considérations générales qu'il y ajouta. Ces ouvrages consacrent un progrès important que nous ne pourrions faire entièrement saisir sans entrer dans la technique plus qu'il ne convient.

Les sciences naturelles, rendues accessibles à un plus grand nombre d'adeptes, prirent un essor nouveau avec Linné. Né en 1707 à Rashult, fils d'un pasteur suédois, il fut d'abord destiné à la théologie ; et, comme il donnait à ses maîtres très peu de satisfactions dans ses études livresques et dialectiques, son père le mit en apprentissage chez un cordonnier. Mais un médecin, ami de la famille, Jean Rothmann lui conseilla de poursuivre ses études, puis le dirigea à l'Université d'Upsal sous la maîtrise d'Olaüs Rudberg. Deux ans plus tard, en 1730, Linné âgé de 27 ans suppléait Rudberg dans ses cours.

A partir de 1732, il voyagea en Suède, puis en Hollande et en Angleterre, pour revenir en Hollande. C'est dans ce pays qu'il publia pour la première fois ses principaux travaux : *Systema naturæ* (1735), base d'une distribution méthodique des trois règnes — *Bibliotheca botanica* (1736) où les travaux d'un millier d'auteurs étaient indiqués — *Genera plantarum* (1737) et *Classes plantarum* (1738) dans lesquels il répartit les végétaux d'après leurs fleurs et leurs fruits — *Philosophica botanica* (1751) où il essaie de coordonner les idées retirées de l'ensemble de ses études et qui est une refonte considérablement accrue de ses *Fundamenta botanica* parus en 1736.

Ces ouvrages eurent du vivant même de l'auteur de nombreuses éditions et se trouvèrent à chaque fois augmentés et améliorés. En 1738, il visita Paris et se lia d'amitié avec Antoine et Bernard de Jussieu. Rentré définitivement dans sa patrie, il exerça d'abord la médecine, puis fut en 1741 nommé professeur à l'Université d'Upsal, où il enseigna pendant trente-six ans jusqu'à sa mort survenue en 1778.

Le système qu'il avait édifié était le magistral exposé d'une vue générale sur les formes vivantes et cette vue était complètement statique. L'espèce, définie depuis Ray par la parenté et la procréation, représente avec netteté pour Linné un état d'équilibre perpétuellement stable : « Il y a maintenant, dit-il, autant d'espèces qu'il en a été créé à l'origine ». Ces espèces toutes faites doivent harmonieusement s'arranger dans les genres sans discontinuité ; et, comme une mosaïque bien réussie retrace avec de petits fragments indépendants la vision totale du peintre qui la compose, de même l'assemblage des genres et des espèces doit révéler le plan intégral de toute la création.

Linné savait bien que son système était insuffisant pour cela ; mais il le donnait comme une première étape sur le chemin d'une méthode plus rationnelle dont ses conversations avec Bernard de Jussieu, que préoccupaient tellement ces idées, lui avaient peut-être donné la notion.

Tournefort (1656-1708) avait déjà, du reste, ébauché une tentative de ce genre en adjoignant aux caractères tirés de la fleur, qu'avaient employés Gesner et Césalpin, ceux que l'on peut abstraire par la considération d'autres organes.

Les trois frères de Jussieu étaient originaires de Lyon et s'adonnaient tous les trois à la botanique. Le dernier, Joseph, après trente-six ans de voyages dans l'Amérique du Sud, revint en France pour y mourir, sans avoir pu, en raison du délabrement de sa santé, rédiger ses découvertes. L'aîné, Antoine, éditeur des *Institutiones rei herbariæ* de Tournefort, fut un professeur distingué en même temps qu'un médecin. C'est à Bernard, le second, que l'on doit la création de la méthode naturelle. Ayant fort peu publié, si ce n'est quelques mémoires remarquables dans les recueils de l'Académie des sciences, il élaborait néanmoins ses idées en de longues méditations, et le manifesta en fait par la plantation du Jardin botanique dont il fut chargé à Trianon (1758); s'écartant tout à fait du système de Linné qui avait déjà partout droit de cité, il y rangea les plantes d'après les rapports entre toutes les qualités et non plus seulement d'après une seule qualité. C'est l'appréciation de ces rapports qui constitue la méthode.

Elle ne fut réellement exprimée par le livre que grâce à Antoine-Laurent de Jussieu, fils de Philippe de Jussieu, frère aîné des précédents. Il était venu en 1765 de Lyon à Paris pour achever ses études sous la direction de son oncle Bernard. En 1789, il publia son *Genera plantarum secundum ordines naturales disposita.*

La méthode consiste : 1° à considérer les caractères retirés de tous les organes et à les subordonner d'après leur importance, à trouver, par suite, des critères pour apprécier l'importance ; 2° à faire équivaloir l'importance à la constance, c'est-à-dire à la fréquence ; 3° à prétendre exprimer réellement l'ordre de la nature et par suite à considérer celle-ci dans un équilibre stable et définitif.

L'expression était désormais parfaite, aucun autre progrès, si ce n'est technique, n'était plus possible. Cuvier se borna à l'appliquer telle quelle aux animaux, en insistant un peu plus encore sur la discontinuité par la création au-dessus des classes d'embranchements plus séparés entre eux que ne sont celles-ci.

Demandons-nous maintenant pour achever si la constance et la durée ne sont pas vraiment des marques objectives de l'importance ? Il semble bien qu'il en soit ainsi le plus souvent, ordinairement et dans l'ensemble, mais pas toujours, et les exceptions suffisent pour affirmer que la science entière n'est pas de la sorte englobée. On ne possède, en somme, que les critères pratiques d'une première approximation non explicative. Et comment faire seulement sentir, sans même les expliquer, des histoires comme celles de Pompéi, d'Herculanum, de Saint-Pierre en Martinique, si l'on ne met pas en équivalente opposition les siècles de durée paisible et la minute tragique de l'anéantissement?

CHAPITRE IV

L'Anatomie comparée discontinue.

Sommaire. — **Division en catégories des organes et des fonctions. — Unité ou diversité de plan organique. — Les deux écoles anatomiques. — Geoffroy Saint-Hilaire et Cuvier.**

Si le spectacle des vivants dans le monde fournit un thème aux arrangements statiques et discontinus de l'esprit, il en est ainsi pour celui qu'offrent les divers organes dans les corps animaux, spectacle au reste plus rare et réservé à certaines catégories d'hommes : bouchers, chirurgiens, anatomistes. De même que l'ensemble continu du Cosmos est par nous fragmenté en unités de formes individuelles ou typiques, de même chaque corps animal est décomposé en unités organiques ; et, dans nos chaires de zoologie, il est usuel de décrire séparés des appareils digestif, circulatoire, nerveux, uro-génital, tassés comme un petit fagot que relie un tégument piqueté d'orifices ; un tissu conjonctif sert d'emballage à ces objets distincts. Les fonctions qui s'y accomplissent sont également distinguées, classées et catégorisées, chacune avec sa personnalité propre et soumises ensemble à l'hégémonie de l'action nerveuse : artificiel moyen de reconstruire synthétiquement l'unité détruite par l'analyse.

Tout cela est proprement statique, parfaitement subjectif et n'est survenu qu'à la suite de recherches répétées et par une tradition fortifiée peu à peu. Passons rapidement sur la connaissance anatomique tant qu'elle fut seulement préparatoire à l'intelligence des fonctions de la vie ou à l'exercice de l'art médical et chirurgical, pour la prendre au moment où elle devint une discipline spéciale tendant vers des conclusions propres.

De bonne heure, les comparaisons qui s'établirent entre les divers organismes prirent l'allure sérielle et conduisirent à la méthode cinématique; nous y reviendrons plus loin. Mais aussi quelques œuvres s'édifièrent par la comparaison statique et l'on peut les ranger en deux écoles. Celles qui, par la localisation des recherches dans les formes élevées des vertébrés, tendirent à faire concevoir une unité de plan, et celles qui, en étendant l'étude aux formes inférieures, introduisirent la discontinuité et conclurent à l'existence de plusieurs types irréductibles les uns aux autres.

Depuis Aristote, qui avait fait entrer les qualités anatomiques dont il avait connaissance parmi les propriétés qui distinguent ou rapprochent les animaux, il faut, pour avoir un effort vraiment scientifique, arriver jusqu'à Pierre Belon.

Né en 1518, à Souletière, dans le Maine, il accomplit d'abord de longs voyages. Parti en 1547, il explora l'Italie, la Grèce, la Turquie, les îles grecques, la Crète, Lemnos, la Palestine, l'Égypte, le Sinaï et revint en 1550 à Rome par l'Asie mineure et la Grèce. Parmi les ouvrages les plus importants de son époque se place son *Histoire de la nature des Oyseaux* avec leurs « descriptions et naïfs pourtraicts retirez du naturel », publiée à Paris en 1555. Il était arrivé à la notion du type anatomique dans l'oiseau en disséquant plus de deux cents espèces différentes et montra l'analogie de leur architecture avec celle des mammifères, en exposant notamment sur un même dessin un squelette d'oiseau et un autre de mammifère et en donnant les mêmes noms aux os homologues.

Harvey, médecin de Jacques Ier et de Charles Ier, professeur d'anatomie et de chirurgie à Londres, est célèbre surtout par sa découverte de la circulation qu'il enseigna à ses élèves en 1619 et au public en 1628 (1). C'est lui qui dans son ouvrage *De generatione animalium* (1651), exprima le célèbre aphorisme *Omne vivum ex ovo*, traçant entre les vivants et le reste du monde une irrémissible discontinuité.

A peu près à la même époque, Severino de Tarria, professeur d'anatomie et de chirurgie à Naples, s'occupait accessoirement des animaux pour en retirer cette conclusion qu'ils sont faits sur le modèle humain et que leur édification organique présente avec la nôtre de fortes analogies. En même temps, Thomas Willis, professeur de physique à Oxford, puis médecin à Londres, connu par quelques recherches sur le cerveau, s'essayait à retrouver chez les animaux inférieurs les mêmes organes que chez l'homme.

Claude Perrault, dont le frère est connu de tous pour son édition des contes de fées et qui se fit lui-même apprécier comme architecte éminent par la construction de l'Observatoire et du Louvre de Louis XIV, a laissé une trace intéressante dans l'histoire scientifique. D'abord médecin, il ne renonça jamais à ses études initiales et fut un des premiers anatomistes au Jardin du Roi. Dans un volume intitulé *De la Mécanique des animaux*, le tome III de ses œuvres physiques et naturelles, il cherche à fonder, en étudiant ensemble les organes analogues, un système de comparaison; son but est malheureusement

1. *Exercitatio anatomica de motu cordis et sanguinis in animalibus.* — 1628.

trop téléologique. Esprit architectural, il arrive sans effort à la notion d'unité de plan et la pousse même à ses dernières limites. Ayant établi par ses propres expériences l'existence chez les végétaux de la sève ascendante, il ne craint pas d'attribuer à ceux-ci un système circulatoire en cherchant à prouver qu'ils ont, comme les animaux, des artères et des veines munies de valvules.

En deux mémoires rédigés en 1795 et 1796, mais publiés seulement en 1820, Gœthe conçut et exprima l'idée d'un type anatomique unique et d'un modèle universel (allgemeines Bild), auquel il convient de rapporter toute forme. Mais l'illustre poète est parfaitement conscient que ce type est subjectivement construit et que, dans la réalité des choses, il n'est jamais atteint. Les formes véritables s'en écartent par gradations successives; c'est une notion qui tend à faire concevoir une cinématique approchant un peu plus du réel que la statique, établie cependant mais présentée comme une abstraction. Étienne Geoffroy Saint-Hilaire, de son côté, arrivait à des résultats du même ordre. Nommé à vingt et un ans, en 1793, et bien qu'il se fût jusque-là surtout occupé de minéralogie, professeur de zoologie au Muséum par le même décret de la Convention qui y nommait aussi Lamarck, il s'adonna à l'étude des animaux supérieurs, objet de son enseignement.

Dès 1796, dans un mémoire sur les rapports naturels des makis, il proposa les lois suivantes : 1° Les êtres vivants sont formés sur un plan unique essentiellement le même dans son principe, mais varié de mille manières dans ses parties accessoires. — 2° Il suffit de changer quelques proportions des organes pour les rendre propres à de nouvelles fonctions, pour en étendre ou en restreindre les usages. — 3° Si un organe se développe beaucoup, c'est au détriment d'un autre; il y a en quelque sorte balancement des organes, mais ceux qui sont les plus réduits n'en persistent pas moins comme rudiments dont la présence témoigne de l'existence indélébile du plan. — 4° Les organes ont entre eux des connexions si étroites et des rapports de position si constants que rien ne les peut faire changer. Un organe disparaîtrait plutôt que de changer ses connexions. Le dernier principe n'est autre chose que l'expression du plan ; le plan consiste dans la stabilité des connexions.

Ces lois ont une face cinématique et une statique que seule nous retenons ici, puisque d'une part les organes peuvent varier en quantité, c'est-à-dire en grandeur, en force et en fonctionnement, mais qu'ils demeurent constants par leurs rapports de position. Ce sont au reste les élèves de Geoffroy qui ont le plus développé ses tendances statiques : Savigny en 1816 avec sa théorie classique de l'unité de plan pour les pièces de la bouche chez les insectes, Audouin, en 1820, en établissant un plan prototype pour le segment d'insecte, Laurencet et Meyranx en 1830 avec leur identification du céphalopode au vertébré plié par les reins et dont les deux régions dorsales rapprochées se seraient soudées.

Ce dernier mémoire, étendant l'essai déjà tenté par Geoffroy en 1820 de réduire le plan d'organisation de l'insecte à celui du vertébré, essai au reste de plusieurs façons erroné, détermina Cuvier à combattre fougueusement des conclusions si opposées à ses propres idées.

Cuvier, en effet, par la nature même de son esprit, avait poussé la méthode statique à une quasi perfection et à un degré aussi absolu qu'il se peut. Né en 1769 à Montbéliard, qui à cette époque était terre d'empire et dépendait du duché de Wurtemberg, il fit ses études à Stuttgard, et c'est, pensent quelques auteurs allemands, la circonstance qui le rendit si supérieur à ses contemporains. Il se destinait d'abord à l'administration où il eût certainement réussi ; et nous le retrouverons sans étonnement baron, conseiller d'État et pair de France. Il fut en effet et surtout un homme d'action, et c'est grâce à la vigueur de son tempérament plus qu'à l'étendue de son intelligence qu'il put, comme le remarque non sans amertume Isidore Geoffroy Saint-Hilaire, « opérer par chacun de ses ouvrages une révolution dans la science et la faire immédiatement accepter par tous ». Obligé de gagner rapidement sa vie, il occupa d'abord une place de précepteur chez la famille d'Hérici qui résidait une partie de l'année en un château près de Fécamp.

Là, de 1791 à 1794, Cuvier employa tous ses loisirs à l'étude des animaux marins : mollusques, annélides, zoophytes, que Linné avait introduits pêle-mêle dans son groupe des vers. Très habile dessinateur, Cuvier vint à Paris en 1795, muni d'un amas de documents exacts qui dès l'abord le rendirent célèbre. Nommé membre de l'Institut en descendant de diligence, reçu au Muséum par Geoffroy Saint-Hilaire qui lui ouvrit toutes les portes, il fut chargé d'un cours à l'Ecole centrale du Panthéon, puis en 1799 pourvu d'une chaire au Collège de France en remplacement de Daubenton et enfin en 1802 il succéda à Mertrud au Muséum.

Les 150 mémoires environ qu'il a publiés ont été réunis par groupes en ouvrages. I. *Leçons d'anatomie comparée* (1800-1805). — II. *Règne animal distribué d'après son organisation* (1817). — III. *Mémoires pour servir à l'histoire et à l'anatomie des mollusques* (1817). — IV. *Recherches sur les ossements fossiles* (1812) dont l'introduction publiée à part est célèbre sous le titre de *Discours sur les révolutions du globe*. — V. *Histoire naturelle des poissons*, achevée par Valenciennes (1828-1831).

En appliquant aux êtres inférieurs la dissection jusque-là réservée à l'homme et aux animaux élevés,

Cuvier élargit singulièrement le domaine des faits connus. Il en retira la loi fondamentale de la corrélation organique, traduisant l'harmonie obligée entre toutes les parties d'un ensemble animal qui permet de reconstituer un type entier avec un faible fragment. L'harmonie nécessaire limite le nombre des combinaisons organiques possibles ; celles qui sont impossibles n'existent pas. D'où résulte la nécessité d'hiatus, de discontinuités objectives et primordiales entre les êtres, qui se traduisent par l'existence de types d'organisation fondamentaux et irréductibles. Cuvier en reconnait quatre qu'il nomme les embranchements.

C'est l'expression rigoureusement statique du monde vivant qui s'est continuée jusqu'à notre temps soit avec la même valeur absolue, soit comme un exposé élémentaire préparatoire à des études plus approfondies, soit avec ce nombre 4 pour les embranchements, ou un nombre différent, par exemple 7 ainsi que l'a proposé Leuckart en 1841.

Jean Frédéric Meckel, qui vint étudier à Paris sous Cuvier de 1804 à 1806, fut l'instaurateur de cette méthode en Allemagne, où elle ne tarda pas d'ailleurs à se trouver limitée par le développement de l'embryologie dont ce pays fut le berceau.

En France, la méthode de Geoffroy Saint-Hilaire appliquée avec rigueur à l'intérieur de chaque embranchement de Cuvier, et rendue par cela aussi adéquate à la statique qu'elle peut l'être, inspira de 1850 à 1900 les travaux de Lacaze-Duthiers. En Angleterre elle se poursuivait dans les ouvrages de Richard Owen.

CHAPITRE V

La Discontinuité structurale. — L'Unité cellulaire. — L'Atome biologique.

Sommaire. — Conceptions arithmétiques de la vie et de la substance vivante. — Addition des unités. — L'atome biologique ; les germes préformés et emboités. — Les particules organiques de Buffon. — La théorie cellulaire. — Les particules représentatives, les micelles de Nägeli, les pangènes de Darwin, les déterminants de Weismann.

Bornée par l'idée que les forces extérieures s'annulent dans les vivants, la méditation s'est efforcée de découvrir dans l'essence même de ceux-ci des propriétés spéciales, capables d'en faire ainsi le nœud des événements et le centre des choses. C'est au fond toujours la même hypothèse primordiale, ordinairement inconsciente, qui projette sur les phénomènes son même éclat trompeur. Après avoir réduit le continu en discontinu, introduit subjectivement les notions d'unités spécifiques, individuelles, organiques et conçu des déterminations nécessaires pour en justifier, l'esprit humain a voulu poursuivre une identique réduction sur la matière même qui constitue les êtres vivants.

Les découvertes du microscope montrant de semblables unités, comme un fait à tout le moins fréquent, dans les cellules isolées n'a été qu'une justification à posteriori et une précision supplémentaire pour des théories antérieures toutes prêtes à fournir l'interprétation des nouvelles données. Elles allaient même bien au delà et ne se sont pas d'ailleurs arrêtées, poursuivant la recherche de l'unité jusqu'à l'atome biologique, spécial, distinct de l'atome matériel. Si l'excuse philosophique de cette dernière notion est qu'elle sert de fondement à toute la science humaine, il en est différemment de l'atome biologique dont l'utilité est seulement statique.

La décomposition de toutes les substances, y compris les vivantes, en éléments de la même nature qu'elles-mêmes, qui permet de reporter les qualités reconnues jusque sur les atomes et de traiter, grâce à leur expulsion dans l'invisible, les données sensorielles en concepts abstraits, fut déjà enseignée par Anaxagore. Né en Ionie vers l'an 500 av. J.-C. et fixé à Athènes en 475, il distinguait autant de sortes d'éléments qu'il y a de substances diverses, et, dans chaque sorte, des éléments en nombre infini. A l'origine, tous étaient confondus en un chaos; et la séparation ou création fut l'œuvre d'un esprit (νοῦς). C'est la pure statique qui repousse d'abord la qualité dans l'invisible, puis l'arrangement des qualités avant l'origine du temps, pour ne plus s'occuper que de l'équilibre actuel maintenu de soi-même. Car, pour Anaxagore, la vie, la nutrition, la croissance n'ont aucune difficulté; il n'y a pas même assimilation ou élaboration du non vivant par le vivant : l'atome de chair préexistant dans le monde va tout simplement s'adjoindre à ceux qui sont déjà groupés dans l'être. C'est l'addition des unités et nous allons voir au reste que les théories de cette sorte ont toujours en tâtonnant cherché une conception arithmétique de la vie.

C'est par une réduction du même ordre quoique métaphysiquement moins radicale que Galien, fixé à

Rome vers 165 et médecin des empereurs Marc-Aurèle, Verus et Commode, arrive à concevoir les diversités de la vie sous l'unité du principe vital qui déjà la catégorise à part. Admettant dans le monde physique les quatre éléments d'Empédocle : l'air, la terre, le feu et l'eau, il en conçoit comme abstraites quatre qualités : le chaud, le froid, l'humide et le sec, et dans les corps organisés quatre humeurs : le sang, la bile, la pituite et l'atrabile, unités qui mélangées en proportions variées, et ceci introduit la notion de nombre, constituent les tempéraments.

L'axiome d'Harvey : *Omne vivum ex ovo* avait donné une objective particularisation des vivants à ceux qui l'admettaient sans restriction, et transporté toutes les difficultés relatives à l'existence des formes sur les germes mêmes dont celles-ci n'étaient plus que l'agrandissement. Le premier qui tira de cette idée tout ce qu'elle pouvait contenir fut Swammerdam (1637-1680), auquel on doit d'importants travaux techniques sur les éléments génitaux ainsi que sur les métamorphoses des insectes. Esprit profondément mystique, comme le prouve l'histoire de sa vie malheureuse et tourmentée, il imagina, à la suite de ses découvertes sur les métamorphoses qui lui montraient des êtres successifs sortant les uns des autres, la célèbre théorie de l'emboîtement des germes, ordinairement attribuée à Leibniz. Elle lui expliquait toutes les hérédités jusques et y compris celle du péché originel ; le nombre des germes étant d'ailleurs fini, la sortie du dernier sera la fin du monde.

On voit qu'ici l'unité est le germe préformé pouvant comme l'atome sortir de la visibilité. Cette idée si conforme à la statique était adoptée encore par Cuvier ; elle éliminait l'embryologie et ses enseignements en n'y trouvant que le simple grossissement de parties préexistantes.

Quoique, par son œuvre philosophique et par l'assemblage ordinaire de ses idées, Buffon soit nettement dynamiste, il a eu pour la croissance et la reproduction des êtres une vision statique fondée sur la notion d'atome organique. D'abord il écarte toute explication exigeant : 1° qu'à chaque reproduction il y ait création nouvelle et manifestation répétée de la volonté de Dieu ; 2° qu'il y ait emboîtement des germes, ce qui suppose le phénomène d'avance accompli et n'est pas une explication ; 3° que ce soit pour une cause finale et non par une cause antérieure.

Puis il admet chez les êtres vivants l'existence d'un moule intérieur, dont il parle avec quelque embarras et qu'il ne définit pas sans peine ; nous en traitons aujourd'hui avec beaucoup plus d'aisance sous la dénomination d'hérédité des formes, mais notre aisance n'est pas peut-être la marque d'une philosophie plus aiguisée et plus pénétrante. Même Buffon paraît se faire de son moule intérieur une idée fort complexe à la fois et fort juste. Il ne s'agit pour lui que de l'effet produit à l'intérieur des corps vivants par l'ensemble des forces ambiantes, à la façon dont la pesanteur, action certaine et extérieure, agit à l'intérieur de tous les organismes.

En outre, considérant qu'un cristal, un cube de sel marin par exemple, peut se résoudre en cubes plus petits, que ceux-ci à leur tour se pulvérisent en d'autres cubes plus petits encore, et que les derniers éléments révélés par le microscope sont encore des cubes, il admet qu'au delà de la visibilité le phénomène dure toujours et qu'en fin de compte il y a des molécules ou des atomes cubiques, c'est-à-dire de même forme que le corps composé. Sur cette hypothèse il en appuie une autre, savoir que les êtres vivants aussi sont de la même sorte « composés « d'une infinité de petits êtres organisés semblables « en tout aux grands êtres organisés qui figurent « dans le monde ; que ces petits êtres organisés sont

« composés de parties organiques vivantes qui sont « communes aux animaux et aux végétaux; que ces « parties organiques sont des parties primitives et « incorruptibles; que l'assemblage de ces parties « forme à nos yeux des êtres organisés, etc... »

Les parties organiques élémentaires servent à expliquer la régénération, le bouturage, le bourgeonnement; elles expliquent aussi la reproduction par germes. D'abord « les parties semblables au tout arri« vent au corps organisé par la nourriture » et chaque espèce de parties organiques dont elles sont constituées est dirigée sur l'organe qui lui correspond; celui-ci de la sorte s'accroît. S'il y a surnutrition ou nutrition après croissance, les parties organiques qui ne sont plus classées se rassemblent en certaines régions du corps, s'y agglomèrent, y composent les germes, lesquels, possédant des éléments de toutes les sortes organiques ont tout ce qu'il faut pour reconstituer un être complet, dès que les conditions extérieures permettront leur nourriture et leur accroissement.

Il faut noter que dans cette théorie de Buffon les particules sont l'être même, leur agrégation fait sa forme, leur accroissement sa croissance, et la reproduction ne vient que du surplus. On y trouve d'ailleurs un reflet dynamique en ce que les particules organiques sont extraites du milieu et rassemblées dans l'être, et qu'aussi dans le milieu elles ne sont peut-être que des atomes bruts plus ou moins intimement pénétrés de lumière et de chaleur.

Bien plus complètement statique est la théorie de Darwin sur les gemmules et celles qui en dérivèrent par modifications suggérées à mesure que les découvertes histologiques apportaient de nouveaux faits.

La première tentative technique pour élucider la structure des animaux est l'œuvre de Bichat. Dans sa courte vie, puisqu'il mourut à 31 ans des suites d'une violente chute, cet anatomiste illustre a produit des travaux riches de conséquences. Profondément vitaliste, il chercha comme Cuvier des corrélations, des conditions d'équilibre dont la rupture était la maladie, et se préoccupa d'abord de montrer que les affections analogues avaient pour siège des tissus analogues. Cela le conduisit à une classification des tissus et fut le début de l'histologie, appelée d'abord anatomie générale (1).

La plus importante conséquence de ces recherches précises fut de pousser enfin à la découverte d'une identité de structure chez les animaux et les végétaux, en les réduisant à une association d'unités vitales qui portent encore aujourd'hui le nom de cellules ou plastides. Cette conception fut la théorie cellulaire. Déjà en 1835, Dujardin, professeur à la faculté des sciences de Rennes, avait reconnu une substance mucilagineuse qu'il nommait le sarcode, et qui, constituant tout le corps des êtres inférieurs aussi bien que les tissus des animaux supérieurs, était un substratum objectif pour l'unification des corps vivants ; mais sa découverte n'eut pas d'abord tout le retentissement qu'elle méritait. Le botaniste Schleiden (1838) et surtout le zoologiste Schwann (2) (1839) introduisirent sans conteste ce principe dans la science. Pour eux, avec des différences de détail, la cellule s'organisait au sein d'une substance amorphe par une sorte de condensation autour d'un point central. D'abord se condensait le nucléole, puis le noyau et alentour une substance mucilagineuse dont Dujardin avait déjà démontré l'importance. Hugo Mohl réussit à faire reconnaître par tous les savants le rôle essentiel de cette substance sarcodique en la rebaptisant proto-

1. *Anatomie générale appliquée à la physiologie et à la médecine.* 4 vol. in-8°. — 1800.

2. *Mikroskopische Untersuchungen über die Uebereinstimmung in der Struktur und dem Wachstum der Thiere und Pflanzen* (1839).

plasme (1846) d'un nom déjà employé pour les tissus animaux par Purkinje en 1840.

Dans la pensée de Schleiden et de Schwann, l'être préexistait à ses cellules et celles-ci n'étaient que des subdivisions de la substance vivante à mesure qu'elle croissait. Lorsqu'on eut reconnu que les êtres inférieurs, protozoaires et protophytes, étaient le plus souvent de simples cellules et que l'œuf ou le germe était aussi une simple cellule, le rôle de l'unité constituante apparut bien plus considérable encore.

Déjà en 1824, Prévost et Dumas avaient remarqué que le développement de la grenouille commence par une segmentation de l'œuf en sphérules ou blastomères, von Baer l'avait confirmé en 1834 et Rusconi étendit ce résultat en 1836 aux œufs des poissons. En 1837, à la suite d'études sur un grand nombre de vers intestinaux, von Siebold démontra que les blastomères de la segmentation sont les cellules mêmes du corps qu'elles édifient par leur rassemblement, Bischoff en 1843 et Reichert appuyèrent cette conception. Il est vrai qu'en 1842, C. Vogt avait cru voir dans l'œuf du crapaud s'évanouir les blastomères et d'autres cellules apparaître à leur place. Mais en 1844 Kölliker combattit et élimina tout à fait cette idée et l'accord se fit sur l'axiome proposé dès 1840 par Wirchow « *Omnis cellula e cellulâ* ».

La théorie cellulaire était fondée. Des unités discontinues, les cellules préexistent, se multiplient et constituent par leur groupement les êtres vivants dont elles sont l'élément essentiel. A ces deux notions types de la statique, la discontinuité et l'unité, s'ajoute encore celle de la fréquence. Toutefois, s'il est ordinaire que les cellules soient effectivement séparées (globules sanguins, leucocytes, germes, éléments épithéliaux) il n'est pas rare non plus qu'elles soient en continuité (fibres musculaires, cellules étoilées du mésenchyme, etc...) alors où est l'unité? et si les éléments cellulaires du corps sont intéressants, les liquides intercellulaires non figurés, les humeurs, ne le sont-ils pas aussi?

En reportant l'unité sur le noyau seul, afin d'avoir toujours objectivement une discontinuité certaine, ce serait plus encore faire d'abstraction; car le protoplasme rentrerait alors dans l'ensemble continu négligé comme accessoire. Or, aujourd'hui l'attention se reporte ainsi que nous le dirons plus loin, sur les continuités protoplasmiques, sur l'importance des liqueurs humorales et la théorie cellulaire apparaît de plus en plus, ce qu'elle est vraiment, une simple approximation statique.

Les travaux techniques accumulés en si peu d'années avaient donné une pâture objective suffisante à tous les besoins de discontinuité; mais ceux-ci bientôt cessèrent d'être satisfaits et reprirent leur « effort qui n'aboutit jamais vers l'élément dernier et l'atome absolu » (1). Toutes les tentatives faites pour rencontrer l'atome biologique se traduisent dans les noms suivants : physiological units (Spencer), gemmules (Darwin), pangènes (de Vries), plasomes (Wiesner), micelles (Nägeli), plastidules (Hæckel et Elssberg), inotagmata (Engelmann), biophores (Weismann), bioblastes (Beale), somacules (Forster), idioblastes (Hertwig), idiosomes (Whitman), biogènes (Verworn), microzymas (Béchamp et Estor), gemmæ (Haacke).

Il nous suffira de prendre pour types les exposés de Nägeli, Darwin et Weismann où nous reconnaîtrons sans peine ceux même d'Anaxagore et de Buffon, attifés si l'on peut dire à la mode cellulaire.

Puisque maintenant c'est le protoplasme qui est le substratum essentiel des qualités vitales, il faut trouver en lui la raison de ces qualités, et Nägeli suppose que le protoplasme d'un œuf est divisé en deux par-

1. Hannequin. — *Essai sur l'hypothèse des atomes.* (*Annales de l'Université de Lyon.*)

ties, le trophoplasme, dont les propriétés sont générales et en quelque façon ressortissent à la physique ordinaire, puis l'idioplasme, caractéristique du germe de chaque espèce. L'œuf du lapin diffère de celui du pigeon parce que leurs idioplasmes diffèrent entre eux autant que le lapin et le pigeon. Après cela l'idioplasme est composé de micelles, unités invisibles, communes à tous les idioplasmes mais diversement groupées, et ce sont les différences d'arrangements qui font celles des caractères.

Darwin a dénommé pangenèse sa théorie atomique parce qu'il la suppose nécessaire et suffisante pour expliquer la perpétuité de la forme dans les cas de fissiparité, bourgeonnement, cicatrisation, sporogenèse, conjugaison et reproduction sexuée. Darwin construit l'hypothèse suivante, si analogue à celle de Buffon. A toute époque de leur vie individuelle et particulièrement quand elles se divisent, les cellules émettent autour d'elles des particules invisibles ou gemmules qui se dispersent dans l'organisme tout entier, donnant en somme à chaque partie des caractères du tout et lui permettant à l'occasion de reproduire la forme entière. Les gemmules se multiplient beaucoup par division, répétant au fond dans l'invisible les gestes des cellules visibles. Certaines suffisamment nourries grossissent, s'agglomèrent et redonnent des cellules semblables à celles dont elles sont issues. Les éléments sexuels sont de cette sorte formés par des gemmules issues de toutes les cellules du corps, d'où leur capacité particulière à reconstruire l'être total.

De 1875 à 1885 les travaux de H. Fol, Strasbürger, Flemming, Guignard et d'autres montrèrent dans la division cellulaire des apparences fréquentes pour l'ensemble desquelles on créa le nom de karyokinèse ou de mitose. Dans le noyau, une substance qui fixe énergiquement les matières colorantes, et que l'on appelle pour cela la chromatine, s'arrange en un filament ou spirème, en même temps que dans le protoplasme s'organise un fuseau formé de grêles filaments sans couleur. Les contours du noyau s'effacent; le filament de chromatine se coupe en fragments ayant souvent la forme d'anses; les anses ou chromosomes se disposent à l'équateur du fuseau; chacune d'elles se clive longitudinalement en deux; puis, tandis qu'une moitié des anses nouvellement dédoublées se rend vers un pôle du fuseau, l'autre chemine du côté opposé. Et chaque paquet se remêlant constitue le fondement d'un nouveau noyau; il y a deux cellules au lieu d'une.

Ces phénomènes étant fréquents parurent essentiels, nécessaires; on pensa que les autres sortes de division cellulaire en étaient des modalités déformées; on voulut y trouver l'explication intégrale de tous les événements. Et lorsqu'on s'aperçut que les cellules d'une espèce donnée avaient un nombre d'anses constant, que les cellules génitales en avaient deux fois moins que les cellules du corps ou somatiques (E. van Beneden), on spécula à l'infini sur ces faits.

Weismann, considérant que dans ces actes le noyau a la part prépondérante, pense que l'idioplasme c'est le plasma nucléaire. Il est composé d'atomes ou biophores; ceux-ci diversement groupés forment les déterminants, qui, par leurs qualités différentes retirées des arrangements divers, assignent à chaque cellule son caractère spécial : à celle-ci musculaire, à celle-là nerveux, à cette autre digestif, etc... Les déterminants se rassemblent en ides qui sont visibles et sont les granules ou microsomes du spirème; les ides composent les idantes dont la forme matérielle est l'anse chromatique.

La division cellulaire par son seul jeu fragmente l'œuf hétérogène, c'est-à-dire contenant des déterminants de toutes sortes, en cellules de plus en plus différenciées, c'est-à-dire tendant à n'avoir des déterminants que d'une sorte. Les cellules génitales sont mises à part dès le début et contiennent jusqu'à la fin tous leurs déterminants : elles sont qualifiées germes aussitôt que la segmentation commence. C'est la continuité du plasma germinatif, lequel n'entre jamais dans les différenciations somatiques, continuité que récemment J. Beard (1900) a pensé constater en fait dans l'embryologie de la raie.

Inutile d'ajouter que tous les phénomènes s'expliquent ainsi avec la plus grande facilité. Mais combien remarquable, quels que soient les phénomènes dont l'informent les sens, cette persévérance avec laquelle l'esprit de l'homme fragmente, pour connaître et comprendre, le continu en discontinu. En 1875, J. Tannery (1) avait appelé l'attention sur cette loi de la connaissance que nous avons trouvée avec sa manifestation maxima dans toutes les recherches statiques. Nous allons passer maintenant aux études où elle est un peu moindre et aux esprits qui ont tenté d'en affranchir leur fonctionnement.

1. *La continuité et la discontinuité dans les sciences et dans l'esprit.* (*Revue Scientifique*, t. XV. 1875.)

LIVRE III

LA RECHERCHE DES LOIS DE LA CONTINUITÉ DANS LE TEMPS

SOMMAIRE :

CHAPITRE I

La Continuité dans les formes vivantes.

Sommaire. — La continuité entre les formes vivantes. — Vanité des essais qui ne tiennent pas compte du temps. — Son introduction nécessaire. — Examen des phénomènes rares et peu durables qui établissent les continuités. — Le normal et l'anormal. — La tératologie, l'embryologie, la paléontologie.

A mesure que la statique accédait peu à peu à l'expression précise de ses principes, parallèlement une cinématique s'édifiait dans des esprits moins avides de discontinuité. Si les doctrines de cette sorte furent plus tardivement construites en forme de disciplines scientifiques consignées dans des ouvrages écrits, elles n'en ont pas moins une existence aussi ancienne que les autres et peuvent être suivies avec une aussi manifeste certitude. Le dogmatisme exprimé par la parole, enseigné ou écrit, repose sur la création de catégories que des termes différents distinguent ; rien n'est discontinu comme le mot, si ce n'est le nombre, la représentation essentielle du continu n'est pas auditive, elle est visuelle et se fait par le tracé : dessins insensiblement modifiés, lignes géométriques plus abstraites, courbes. Et si secondairement l'on veut traduire ces traits en langage, on ne peut avoir de perception continue qu'en transposant à tout instant ce que l'on entend sur ce que l'on doit voir. Nous avons comparé à des constructions arithmétiques les théories biologiques passées en revue dans le chapitre précédent, celles qui vont suivre sont géométriques.

Tout d'abord, il ne s'agit pas encore de la continuité totale entre tous les êtres du Cosmos, les vivants sont toujours traités à part, il s'agit seulement de la continuité entre eux. Autrement dit, on ne recherche pas s'il y a dans les phénomènes extérieurs aux vivants des raisons pour que ceux-ci existent, ou existent de telle façon définie, ou présentent les uns avec les autres tels rapports que l'on voit. Si l'on reconnaît entre eux des liens de continuité, celle-ci, comme toute autre, peut se représenter par une courbe ; et, d'autre part, une courbe peut aussi figurer un mouvement, à la condition que l'une de ses coordonnées soit un espace parcouru et l'autre un temps écoulé.

Donc, pour justifier le terme de cinématique que nous employons, et qui exprime en mécanique l'étude des mouvements sans tenir compte des causes ou des forces qui les produisent, il suffit de montrer : 1° que, comme nous l'avons dit, nous ne recherchons pas la cause de la continuité dans les actions ambiantes ; 2° que la continuité exprime un espace parcouru en fonction du temps.

Les qualités des formes vivantes sont manifestement diverses avec le temps, soit que l'on observe les séries des êtres fossilisés dans les strates successifs de l'écorce terrestre, soit que l'on suive les étapes d'un développement embryonnaire. Dans ce dernier cas, les modifications dans la forme sont réellement un mouvement effectué en fonction du temps, une déformation objective, qui peut s'exprimer par les changements de grandeur dans chaque qualité définie ou dans les mêmes combinaisons de qualités que l'on appelle des caractères. Ces changements de grandeur représentent l'espace parcouru.

Les séries paléontologiques sont à traiter de même tout à fait si l'on croit à une évolution réelle, c'est-à-dire à la production des êtres d'une époque donnée par le résultat de changements effectifs survenus sur ceux de l'époque antérieure. Et si on ne l'admet pas, les formes isolées et leurs qualités de grandeurs diverses peuvent être réunies par une continuité, artificielle alors, à laquelle on attribuera conventionnellement le même sens que précédemment, mais seulement en ce cas à un point de vue représentatif et métaphorique encore intéressant d'ailleurs.

Le terme de cinématique, exigeant la considération du temps, est d'autant mieux choisi pour caractériser les études de la continuité biologique que tout examen de cette continuité où n'intervient pas le temps conduit nécessairement à de fallacieuses constructions. Telles sont celles qui se sont édifiées dès la plus haute antiquité, dont nous avons déjà signalé quelques traces (1) et qui tendent à établir des rapports entre les êtres marins et terrestres tels que l'hippocampe et le cheval, l'oursin et le hérisson, le « lepas anatifera » et l'oiseau. A travers tout le moyen âge se perpétuent ces doctrines sous des formes diverses, décorant nos cathédrales romanes et gothiques de séries sculptées où l'on voit, comme à Lyon notamment, défiler le poisson avec des ailes et des pattes rudimentaires, le griffon à deux pattes, l'oiseau, la chauve-souris, le mammifère. Et nous en relevons encore des vestiges

1. Frédéric Houssay. — *Les théories de la Genèse à Mycènes et le sens zoologique de certains symboles du culte d'Aphrodite : Revue archéologique* 1895. — *Nouvelles recherches sur la flore et la faune des vases peints de l'époque mycénienne et sur la philosophie préionienne : Ibid.* 1897. — *La légende du Lepas anatifera, la Vallisneria spiralis et le Poulpe : C. R, Ac. Sc.* 1901.

dans les ouvrages de Thomas de Cantimpré, de Vincent de Beauvais, d'Olaüs Magnus, d'Aldrovande, de Rondelet, de Sébastien Munster, pour les voir se réduire enfin au XVIIe siècle, dans les écrits de John Jonston et de Robert Moray à la tenace légende de l'oie bernache, qui vit encore dans le folk-lore breton. Nous devons nous borner à ces indications sommaires. En raison de leur nouveauté imprévue, elles exigeraient des développements documentés et illustrés que nous ne pouvons entreprendre ici et qui seront l'objet d'une autre publication, destinée à reconstruire les idées d'évolution dans l'antiquité et dans le moyen âge.

A côté de ces résidus théoriques qu'il faut restaurer, nous trouvons des assemblages continus assez complets, auxquels manque seulement le soutien de la considération du temps. L'un d'eux est dû à Zaccharia ben Mohammed el Kasvini, mort en 1283. C'est un compilateur d'Aristote, mais qui suit d'assez loin son auteur. Persan, il aurait plutôt ressenti l'influence de quelque derviche voyageur, qui lui aurait inculqué les notions de continuité si familières aux cosmogonies hindoues. Il exprime en tous cas des idées qui furent rééditées beaucoup plus tard par Bonnet et H. Milne-Edwards.

1° Les plantes et les animaux sont susceptibles de croître et par là se distinguent des minéraux; les animaux aussi se distinguent des plantes, parce qu'ils se meuvent et sentent; toutefois, il y a une série linéaire ininterrompue, une sorte d'échelle des créatures, qui monte des imparfaites aux parfaites et dont les grands termes sont la terre, les minéraux, les plantes, les animaux, les singes, l'homme et les anges.

2° Un animal est d'autant plus complet qu'il a plus de membres et d'organes différents.

Charles Bonnet (1720-1793), qui naquit et mourut

à Genève, avec une connaissance plus informée des phénomènes s'est arrêté à une théorie très comparable à la précédente. Il s'occupa d'abord d'observations et découvrit la parthénogenèse des pucerons, ainsi que divers faits relatifs à la multiplication des polypes et des vers, puis se consacra à la rédaction de ses idées générales.

Il fut, après Harvey, le premier auteur qui défendit énergiquement l'idée de panspermie, c'est-à-dire qu'il attribua la naissance de tout être à un germe préexistant à lui dans chaque endroit où l'on voit l'être apparaître. Il repousse, par suite, toute explication mécanique tendant à faire comprendre l'apparition spontanée des vivants parmi les corps bruts. Néanmoins, il est persuadé de la continuité entre les formes vivantes ainsi séparées du reste, et croit qu'elles constituent une seule série débutant par les êtres les plus inférieurs pour se terminer par l'homme, les anges et Dieu. Cette sorte d'échelle est, du reste, composée par des espèces parfaitement fixes et ne comporte pas l'idée d'évolution réelle, de descendance ou de transmutation : elle exprime seulement dans la nature une harmonie préétablie continue et non discontinue comme l'allait proclamer Cuvier.

Nous avons tenu à bien spécifier ce que peut être la notion de continuité sans le temps et nous voyons tout de suite son manque d'objectivité et comment elle tombe sous l'humoristique critique de Galton, nous verrons du même coup comment les théories modernes échappent à cette critique dont on a cru les atteindre.

« Il n'est pas rare, dit cet auteur (1), qu'un inventeur « croie originale et nouvelle une découverte qui est « venue au jour d'une façon indépendante bien long- « temps avant lui, mais n'est jamais devenue d'un

1. *Natural Inheritance*, London 1889, p. 33.

« usage courant. Si même il a trouvé une chose vrai-« ment nouvelle, l'inventeur s'aperçoit, en consultant « la liste des brevets, que d'autres inventions sont « bien voisines de la sienne..... Si toutes les variétés « d'une même machine, qui ont été inventées isolé-« ment dans l'espace et le temps, venaient à être « réunies et arrangées dans un musée, dans l'ordre « apparent de leur évolution, il semblerait que chacune « diffère de sa voisine assez peu pour suggérer la « fallacieuse conclusion que les inventeurs de ces « diverses machines ont procédé en se perfectionnant « indéfiniment l'un l'autre, et très peu à la fois. »

On peut toujours, si l'on n'a d'autre guide que l'ordre apparent pour ranger en séries les formes vivantes, se demander si l'on n'a pas réalisé le programme de l'hypothétique musée dont il vient d'être question; aussi la science n'est-elle sortie de la phase d'ébauche que le jour où l'on a pu établir des concordances entre les séries construites par l'esprit sur les animaux adultes actuels et celles qui se produisent objectivement au cours du temps et que révèlent les études de paléontologie et d'embryologie.

Les discontinuités statiques ont pour principal fondement la fréquence, qui a permis la construction de types auxquels on rapporte ou dont on écarte tous les êtres. Le fréquent y est tenu pour le normal, le rare pour l'anormal. La cinématique, au contraire, relevant avec soin tous les êtres rarement vus parce qu'ils sont représentés par des individus peu nombreux, les étudie et remarque qu'ils comblent justement les discontinuités.

La cinématique constitue donc une méthode supérieure, puisqu'elle sait faire entrer dans ses combinaisons des phénomènes qui, malgré leur faible fréquence ou leur courte durée, ont une manifeste existence. Seule justement, elle a pu porter la lumière dans l'étude des monstres et permettre de fonder une tératologie qui ne prit d'intérêt que le jour où l'embryologie l'éclaira. La statique ne pouvait utiliser les monstres, sinon pour les décrire et s'en étonner; Geoffroy Saint-Hilaire, en y montrant des arrêts de développement, rendit leur examen particulièrement fécond, et, depuis, le déterminisme des monstruosités est devenu un des plus intéressants chapitres de la dynamique moderne.

En remarquant d'ailleurs que le fréquent en statique coïncide le plus souvent avec le précoce en cinématique, il semble que, sauf difficultés techniques, on ait une méthode d'une perfection absolue. Il en serait ainsi si elle n'avait une tare originelle, source de toutes les erreurs auxquelles elle pourrait conduire et contre lesquelles il faut se mettre en garde. Sacrifiant trop encore à la discontinuité, elle isole les vivants dans le Cosmos et ne s'inquiète pas des effets que peuvent produire en eux le milieu où ils vivent. Or, à tout état de son évolution, un embryon peut ressentir une modification due à l'action de son milieu et à la façon dont il s'y comporte. Il faut donc savoir, par une minutieuse étude dynamique, élaguer des séries embryonnaires ce qui les surcharge pour une cause actuelle et des séries paléontologiques les événements momentanés ou locaux qui ont pu les troubler.

Tout cela n'est point impossible à faire, mais montre que, malgré la simplicité des grands cadres où elles tiennent, les sciences naturelles demeurent en technique extrêmement compliquées ; elles ne peuvent porter tous leurs fruits que dans les souples esprits capables de concevoir avec aisance les lois générales et de scruter avec subtilité les détails d'apparence menue.

CHAPITRE II

La notion de temps dans l'histoire de la Terre.

Sommaire. — Comparaison des formes fossiles et vivantes. — Les invasions successives de la mer. — Cataclysmes et discontinuités. — L'antiquité de l'espèce humaine.

La géologie ne devint une science que grâce à l'introduction du temps faite avec quelque rigueur par le rapprochement des études, d'abord séparées, sur les fossiles et sur les animaux : celles-ci accomplies surtout à l'effet d'applications pratiques, celles-là comme une curiosité pendant longtemps adjointe à la zoologie.

Une vue statique ne pouvait exister que si l'on considérait la terre comme une donnée, invariable depuis son origine, et les fossiles comme le résultat inexpliqué d'un jeu de la nature. Dès qu'on y vit les restes de vivants, il fallut trouver une cause à leur présence dans le sol et sur les montagnes. Le premier pas dans cette voie fut de fixer au déluge biblique la coupure qui marquait dans le temps une date et dans l'histoire de la terre un changement. Mais l'on ne tarda pas à reconnaître la nécessité d'admettre plus d'une époque et plus d'une immersion. En 1708, Scheuchzer soutenait encore que Dieu souleva les montagnes pour laisser écouler les eaux du déluge et qu'il leur assigna pour place les endroits où il y avait le plus de pierres, afin qu'elles pussent se soutenir. Ce finalisme naïf arrivait au terme de son crédit ; on allait reprendre et développer des idées qui avaient eu cours dès la plus haute antiquité et qui dérivaient des enseignements de Xénophane.

Né en 570 avant Jésus-Christ à Colophon en Ionie, ce philosophe vint se fixer à Élée, dans l'Italie méridionale. Il combattit dans ses vers la théologie d'Homère et d'Hésiode, répudia l'anthropomorphisme grec et professa l'unité et l'infinité de Dieu. Il disait aussi que la terre avait été primitivement recouverte par les eaux, souvenir des doctrines de Thalès ; on y ajouta plus tard la croyance qu'elle pouvait s'y enfoncer de nouveau. Origène notamment attribue à Xénophane l'idée de divers enfoncements successifs et de créations subséquentes. La persistance de semblables notions expliquait aux anciens la présence des fossiles comme le montrent divers passages d'Eratosthène, d'Ovide, de Tertullien et plus anciennement d'Hérodote. Ce dernier en particulier (livre II, ch. XI) émet l'hypothèse que l'Égypte était autrefois un golfe analogue à la mer Rouge et qu'aussi bien si le Nil, changeant légèrement son cours, venait se jeter dans celle-ci, il arriverait dans une période de vingt mille années à la combler de ses sédiments.

Ces premiers essais n'eurent pas de suite et tombèrent durant longtemps dans un oubli profond ; il faut arriver jusqu'à la fin du XVIIIe siècle pour les voir renaître avec A. G. Werner. Pendant quarante ans professeur à l'École des Mines de Freyberg, il en fit un centre scientifique des plus brillants et par sa parole exerça une influence considérable. Elle fut utile par la précision qu'il introduisit dans les descriptions lithologiques et par l'insistance qu'il mit à affirmer des époques nettes dans l'histoire de la terre. Non sans analogie avec Cuvier par les qualités de son esprit, il s'appliqua à classer les minéraux d'une façon qui permit de les désigner et de les déterminer, classa de même les couches de l'écorce terrestre (1787), et crut à l'universalité et à l'uniformité de chaque formation à la surface du globe. Un océan recouvrait d'abord tout et le même sédiment se déposait partout dans sa profondeur ; puis, à mesure qu'il s'approfondissait, il se rétrécissait aussi et les dépôts devenaient plus restreints. On conçoit ainsi des changements dont on recherche à peine la cause et qui sont seulement sériés dans la durée. Werner fut le chef de l'école dite neptunienne, attribuant à l'eau toutes les actions.

Sans être aussi retentissante, l'œuvre de Pallas fut plus féconde peut-être pour la science.

Pallas (Pierre Simon), né à Berlin en 1741, fut appelé en Russie par Catherine II en 1767 et accompagna en 1768 les astronomes qui allaient en Sibérie étudier le passage de Vénus sur le soleil; il visita en détail la Sibérie, la Crimée, la Russie et pénétra jusqu'aux frontières de la Chine. On lui doit de nombreux écrits en latin, en allemand et en français.

Dès 1769, il publia un premier mémoire sur les ossements fossiles de la Sibérie, dans lequel il conclut que l'éléphant, le rhinocéros et l'hippopotame de la zone torride actuelle avaient habité autrefois les régions septentrionales, introduisant ainsi le changement dans les faunes comme une fonction du temps. Il décrivit dans un second mémoire un rhinocéros trouvé tout entier dans la terre gelée et un mammouth qu'il exhuma en 1799, à l'embouchure de la Léna. Le fait s'est reproduit depuis; en 1806 (1), un mammouth fut déterré sur les bords de la mer Glaciale et les chiens et les ours s'en disputèrent la chair.

1. Flourens. *Éloge de Cuvier*.

Ces faits, largement généralisés, ont servi à étayer l'hypothèse des révolutions subites qui n'était pas cependant dans l'esprit de Pallas. Car, dans ses observations sur la formation des montagnes et sur les changements arrivés à notre globe (1777), observations qui marquèrent en géologie un progrès considérable, il compare les formes éteintes aux formes actuelles en montrant qu'elles constituent une série historique; et la présence des êtres pétrifiés n'y est pas expliquée par des cataclysmes universels et généraux, tels que le déluge, mais par la conception de phénomènes locaux successivement survenus dans différentes régions.

Les travaux de Werner indiquaient une succession, mais, fondés seulement sur les caractères lithologiques, ils n'amenaient pas de conviction ferme. Les fossiles, étudiés à part, prouvaient la présence de la mer, les roches, à part, indiquaient une succession plus ou moins vague; les deux études combinées créèrent la géologie moderne.

Par la distribution de leurs couches secondaires et tertiaires, les bassins de Paris et de Londres étaient les meilleurs champs pour ces recherches. Déjà les essais de Guettard, Desmarets, Rouelle avaient préparé à concevoir les masses de terrains en concordance avec le dépôt de certains groupes exclusifs de coquilles; par exemple le jurassique est rempli de bélemnites, d'ammonites, de gryphées. L'abbé Giraud-Soulavie (1) avait, en 1779, reconnu dans les terrains du Vivarais cinq époques d'après les formes fossiles prédominantes dans chacune et s'éteignant peu à peu dans les suivantes, ce qui donnait la précieuse notion des espèces perdues au cours des âges.

Mais la netteté et la précision furent surtout l'œuvre de Cuvier et de Brongniart. Cuvier démontra la

1. *Histoire naturelle de la France méridionale.*

non identité spécifique ou générique avec les espèces actuelles des vertébrés fossiles trouvés dans le gypse de Montmartre. Il y a donc eu des destructions et des remplacements qui sont sériés dans le temps; pour ces auteurs, au reste, l'étude n'en sera encore que cinématique.

Cuvier lui-même, dans son discours sur les révolutions du globe (1), écrit que les pays aujourd'hui mis à sec ont sans doute subi jusqu'à deux ou trois irruptions de la mer. « Ce sont, dit-il, ces alternatives « qui me paraissent maintenant le problème géolo« gique le plus important à résoudre ou plutôt à bien « circonscrire; car, pour le résoudre en entier, il « faudrait découvrir la cause de ces événements, « entreprise d'une tout autre difficulté. » Il renonce donc délibérément à toute interprétation dynamique. Au reste, il conteste positivement une puissance suffisante pour amener les transformations aux causes actuelles, telles que les pluies, les dégels, l'action des eaux courantes, de la mer, des volcans; ce qui pourtant était dès cette époque admis par C. Fuschsel, Pallas et Hutton. Les gros blocs erratiques, pour le transport desquels il ne songe point aux glaciers, lui donnent l'idée d'un mouvement des eaux passant en violence tout ce qu'on peut imaginer aujourd'hui.

Reconnaissant sur les flancs des montagnes des couches stratifiées, puis relevées, dans lesquelles on ne trouve point de fossiles, Cuvier en conclut à l'apparition relativement récente de la vie. L'horizontalité des strates dans les plaines, leur redressement au bord des montagnes lui révèlent deux sortes de dépôts et par suite deux révolutions au moins et sans doute un plus grand nombre. Des révolutions successives pourraient amener la conception de continuité, mais Cuvier insiste sur ce qu'elles ont dû être subites; ce

1. 1877, p. 168.

qui était une satisfaction à son amour du discontinu.

Les grandes époques qu'il distingue sont celles des terrains primaires dans lesquels on ne trouve aucune vie, des terrains de transition où l'on voit apparaître les mollusques et les poissons, des terrains secondaires où vivaient les grands reptiles comme l'ichthyosaure et le plésiosaure, des terrains crétacés caractérisés par les sauriens et les tortues marines, comme celles de la craie de Maëstricht, enfin celle des terrains tertiaires, dans lesquels il distingue plusieurs zones : au-dessous du calcaire grossier, celle où l'on rencontre des mammifères marins, lamantins et phoques, immédiatement au-dessus du calcaire grossier, les couches à paléotherium et à anaplotherium, au-dessus les gisements à mastodontes, rhinocéros et hippopotames, et, au-dessus encore, les dépôts renfermant des espèces plus voisines des nôtres.

La présence des fossiles en étages distincts aurait pu suggérer à Cuvier l'idée d'apparitions successives, mais il croit à une seule création de la vie et s'explique de la façon suivante la superposition des formes. Admettant comme Werner que les mers anciennes étaient larges et uniformes, il montre que les plus récentes sont plus étroites et diverses en leurs bassins, et qu'à mesure de la spécialisation des milieux les faunes se spécialisent aussi, chacune cherchant et trouvant ses conditions d'existence. « On comprend « qu'au milieu de telles variations dans la nature du « liquide, les animaux qu'il nourrissait ne pouvaient « demeurer les mêmes, leurs espèces, leurs genres « même changeaient avec les couches (1) » qui devaient se déposer ; et cela sûrement ne veut pas dire se transformaient les unes dans les autres, mais que certaines

1. Cuvier. *Discours sur les révolutions du globe.* 1877, p. 9.

demeuraient, que d'autres disparaissaient là pour aller vivre autre part et revenir quand les circonstances s'y prêtaient de nouveau. Que seraient autrement ses « retours d'espèces » ? Et s'il y a eu dans la nature animale, c'est-à-dire dans l'ensemble des faunes et non dans les espèces, « une succession de variations « qui ont été occasionnées par celles du liquide dans « lequel les animaux vivaient, ou qui du moins leur « ont correspondu » et qui plus manifestement encore pouvaient se produire dans les faunes terrestres plus mobiles, il n'en faut pas induire que Cuvier soit hanté par des idées évolutionnistes. Les variations dont il parle ont conduit les classes d'animaux à leur état actuel, mais voici comment :

La forme actuelle des continents est toute récente. Antérieurement ont eu lieu des submersions et des émersions subites et très larges, mais pas universelles, et c'est la condition qui permit aux animaux d'émigrer des parties qui s'immergeaient à celles qui émergeaient. Pour préciser par un exemple, Cuvier suppose (1) « qu'une grande irruption de la mer couvre « d'un amas de sables ou d'autres débris le continent « de la Nouvelle-Hollande : elle y enfouira les cadavres « des kangourous, des phascolomes, des dasyures, des « péramèles, des phalangers volants, des échidnés et « des ornithorinques, et elle détruira entièrement les « espèces de tous ces genres, puisqu'aucun d'eux « n'existe maintenant en d'autres pays.

« Que cette même révolution mette à sec les petits « détroits multipliés qui séparent la Nouvelle-Hol- « lande du continent de l'Asie, elle ouvrira un chemin « aux éléphants, aux rhinocéros, aux buffles, aux « chevaux, aux chameaux, aux tigres et à tous les « autres quadrupèdes asiatiques, qui viendront peu- « pler une terre où ils auront été auparavant inconnus.

1. Cuvier. *Discours sur les révolutions du globe*. 1877, p. 85.

« Qu'ensuite un naturaliste, après avoir bien étudié « toute cette nature vivante, s'avise de fouiller le sol « sur lequel il vit, il y trouvera des restes d'êtres tout « différents. »

Cuvier admet en somme comme donnée une discontinuité de surface, résultant de la diversité des faunes, analogue à la diversité des espèces et tout aussi inexpliquée. Cette discontinuité zonale, d'abord horizontale, devient verticale par le fait des cataclysmes; et c'est là toute la théorie.

Les recherches techniques sur lesquelles Cuvier et Brongniart avaient édifié ces conclusions furent poursuivies et précisées par d'Omalius d'Halloy dans un remarquable mémoire publié en 1813 sur le bassin de Paris et les régions avoisinantes, puis plus tard par les travaux de Constant Prévost, d'Hébert et de ses élèves.

En Angleterre, John Michell, William Smith, Sedgwick, Murchison poursuivirent la même œuvre.

La théorie des cataclysmes violents et soudains imaginée par Cuvier pour séparer les époques fut en quelque sorte consacrée par les travaux d'Élie de Beaumont (1). Reprenant et étendant une idée émise dès 1756 par J. G. Lehmann (2), Élie de Beaumont pense établir que les montagnes de même âge sont parallèles et par suite comme des systèmes de rides dues à une convulsion terrestre; les chaînes d'âges différents ont des directions différentes. Il voit aussi dans l'histoire de la terre des époques calmes, longues, traversées de révolutions courtes ou de paroxysmes qui se traduisent par le soulèvement d'une série de chaînes, par un déplacement des mers et un changement profond dans les types organiques ou dans les faunes. Elie de Beaumont suit en somme la doctrine

1. *Annales des Sciences naturelles* 1829. — *Leçons de Géologie*, Paris 1845.

2. *Versuch einer Geschichte von Flötz-Gebürgen.*

de Cuvier, et comme chaque cataclysme anéantit des êtres et réduit le nombre des espèces, unités d'ailleurs invariables, on est conduit à admettre qu'à l'origine de la vie les espèces étaient en nombre presque infini et n'auraient pas pu tenir sur la surface du globe à moins d'être réduites à un tout petit nombre d'individus et peut-être à un seul couple. Plus tard Agassiz, pour maintenir la discontinuité imaginée par Cuvier, admettait à chaque révolution une destruction totale des êtres animés et à chaque fois une création nouvelle.

Pendant longtemps on considéra assez volontiers toutes les révolutions et tous les changements comme antérieurs à l'apparition de l'homme; la dernière seule de ces catastrophes, déluge biblique, déluge de Deucalion, etc., avait pu l'avoir pour témoin. Cependant des restes d'industrie humaine et des débris de squelettes humains avaient conduit de Maillet à regarder l'homme comme contemporain d'espèces animales aujourd'hui disparues. Son opinion, absolument repoussée par Cuvier, fut pendant longtemps écartée. Mais, en 1863, dans la carrière de Moulin-Quignon, Boucher de Perthes trouva des haches en silex et une mâchoire qu'il attribua à un homme antédiluvien. De vives controverses s'élevèrent à l'occasion de cette découverte. Milne-Edwards, de Quatrefages, Gaudry, Carpenter, Lartet, nommés membres d'une commission chargée de vérifier le fait, discutèrent l'âge du terrain. Aujourd'hui ces résultats étendus, complétés, sont admis par tous et l'on croit même à l'existence de l'homme à l'époque tertiaire.

CHAPITRE III

Épigenèse et Embryologie.

Sommaire. — Premiers essais de comparaison sérielle. — C. F. Wolff. — Comparaison des stades embryonnaires et des formes adultes. — Serres et l'école de Geoffroy Saint-Hilaire. — L'école embryologique allemande. — L'embryogénie et l'organogénie. — Fondements nouveaux de l'anatomie comparée.

La constitution organique des êtres vivants ne put fournir utilement matière à des comparaisons cinématiques que lorsqu'on fut en possession de données suffisamment nombreuses et précises. Pendant tout le moyen âge, l'organisation des animaux inférieurs était tout à fait ignorée et l'anatomie des vertébrés élevés, pratiquée par les seuls médecins, servait de prétexte à des luttes aussi ardentes pour ou contre Galien que celles où se mesuraient les philosophes pour ou contre Aristote.

A partir du xve siècle, au lieu d'accumuler pour ces querelles les preuves dialectiques, on commence à se préoccuper de vérifier les opinions sur les faits ; ce n'est pas du reste sans quelque difficulté, témoin l'exemple d'André Vésale.

De son vrai nom Witting de Wesel. né à Bruxelles en 1514, il étudia à Paris sous la direction de Gunther d'Andernach, puis il fut médecin de Charles-Quint et de Philippe II, après avoir enseigné à Pavie, Bologne et Pise. Il se lança, malgré les préjugés, dans la dissection des cadavres humains, mais, accusé par ses envieux d'avoir ouvert le corps d'un gentilhomme encore vivant, il ne put s'en tirer, malgré ses protecteurs, que par un pèlerinage en terre sainte. A son retour, jeté par la tempête sur les côtes de l'île de Zante, il y mourut de faim en 1564. Dans son grand travail : *De humani corporis fabrica* (Bâle 1543), il avait personnellement refait toute l'œuvre de Galien sur laquelle on vivait et il expliquait les inexactitudes du maître antique en admettant que celui-ci avait eu d'autres objets sous les yeux. C'était supposer la variabilité de la forme, et n'avoir pas de type rigoureux même dans l'espèce. Une telle idée était plus vive encore chez Eustachi, mort en 1574, grand défenseur de Galien et qui s'est illustré par quelques découvertes.

Mais la variation même reconnue ne pouvait amener aucun résultat sans la considération du temps, ni permettre encore d'édifier une anatomie comparée cinématique, différente de l'anatomie comparée statique à laquelle devait aboutir Cuvier et singulièrement plus intéressante.

Les premiers travaux qui engagèrent les recherches dans cette voie sont dus à Volcher Koyter, né en 1535 à Groningue en Hollande et mort en 1600 à Nurenberg où il s'était fixé après avoir exercé en France. Il s'initia aux travaux anatomiques en Italie sous la direction d'Aldrovande, d'Eustachi, de Fallopio, et à Montpellier sous celle de Rondelet. Il étudia les viscères chez tous les vertébrés à l'exception des poissons, et surtout le développement du poulet ; il compara le squelette du fœtus et de l'enfant d'une part à celui de l'adulte d'autre part. Bien que les faits, trop peu nombreux encore, ne lui aient pas permis une vue synthétique qui fut plus tard reprise, il était bien engagé pour y accéder.

Fabricio d'Aquapendente (1537-1619), professeur et chirurgien à Padoue, avait surtout des préoccupations physiologiques; mais, comme à cette époque la méthode expérimentale n'existait pas encore, il cherchait à déduire de leur forme même le fonctionnement des organes. Cela le conduisit à de nombreuses découvertes non sans importance, telles que la présence des valvules dans les veines, etc. Sa méthode est bien déjà la comparaison sérielle : à propos d'une fonction, mouvement, phonation, vision, il en suit les organes à travers toute une série animale; mais son vrai titre cinématique est d'avoir aussi étudié le développement du poulet, décrivant et figurant jour par jour les transformations. La vue directe sur l'être transparent du cœur battant et des vaisseaux pleins de sang ne fut pas peut-être sans influence sur l'orientation de son élève Harvey, dont la découverte à ce propos est si célèbre.

Tout en pratiquant la médecine, qu'il professa à Messine puis à Bologne, pour se consacrer enfin aux soins de la santé d'Innocent XII à Rome, Malpighi Marcello (1628-1694), étudia la nature sans souci d'applications et seulement pour la connaître. Utilisant le premier le microscope dans les recherches anatomiques, il élargit considérablement la connaissance de son temps. Il appartient techniquement au groupe cinématique, en raison de ses tentatives pour éclairer par l'anatomie des animaux inférieurs celle des êtres plus parfaits; il étendit même ses investigations jusqu'aux plantes, établit, après Robert Hooke, toute la part que prennent les utricules à la constitution des végétaux. Il revit lui aussi le développement du poulet, y reconnut le soulèvement des lames dorsales comme ébauche du système nerveux, décrivit les rudiments métamériques des masses musculaires et la division en lobes du cerveau. S'il ne tira pas de ses recherches de conséquences plus larges, malgré l'étendue de ses comparaisons et l'heureux choix de ses objets d'étude, ce fut pour avoir, comme tous ses contemporains, ignoré le sens véritable des phénomènes embryologiques. Ainsi du reste que Fabrice d'Aquapendente, il était encore préformiste.

Au cours du XVIIIe siècle, un événement de premier ordre fut l'origine d'une véritable révolution intellectuelle dans les recherches qui avaient pour but de connaître les modifications de la forme en fonction du temps sur les embryons d'animaux. Jusqu'à cette époque on supposait que le développement consistait seulement dans l'évolution de parties involuées (*involutæ*) préexistantes ; c'était la théorie de la préformation considérant dans le germe tous les organes formés et placés, encore qu'invisibles, et n'ayant plus qu'à grandir pour constituer l'adulte. L'idée de l'emboîtement des germes de Swammerdam et Leibniz n'en était qu'une conséquence nécessaire.

Caspar Friedrich Wolff, fils d'un cordonnier de Berlin, soutint en 1758 à Halle une thèse retentissante ayant pour titre « *Theoria generationis* » dans laquelle il repousse énergiquement les idées de préformation. Le développement de l'œuf du poulet, toujours utilisé en raison des facilités pratiques qu'il offre, est une chaîne de néoformations et constitue une véritable épigenèse. Haller dans ses *Opera minora* (1762-1768) combattit vigoureusement cette opinion nouvelle et Cuvier en France ne la repoussa pas avec moins d'énergie ; elle devait tout de même définitivement triompher.

La première conséquence qu'on en retira fut la notion de réels changements amenés dans la forme par l'adjonction d'éléments quelconques empruntés au milieu ambiant et élaborés à chaque instant par l'être tel qu'il existe alors. Dans l'épigenèse croître c'est changer de forme. Une comparaison générale de l'épigenèse embryonnaire et de la variété des formes spécifiques adultes fut déjà indiquée en 1794 par Erasme Darwin, grand-père de l'illustre rénovateur du transformisme. A peu près à la même époque Kielmeyer la professait aussi à Stuttgard et à Tübingen ; mais la première application technique définie est due à Étienne Geoffroy Saint-Hilaire. Nous avons déjà parlé de sa loi de l'unité de plan de composition, considérée sous son aspect statique, nous voulons en montrer maintenant l'aspect cinématique singulièrement plus fécond. Si les êtres vivants sont formés sur un plan unique essentiellement le même dans son principe, ce plan est varié de mille manières dans ses parties accessoires. La variété et les multiples combinaisons qui en découlent constituent de leur côté un sujet d'étude important, puisqu'elles ont fait croire dès l'abord à une infinie diversité de formes, toutes séparément dénommées.

Les travaux de Geoffroy Saint-Hilaire en anatomie comparée ont porté sur l'ostéologie des vertébrés; c'était un malencontreux sujet qui fut la cause des erreurs de fait sur lesquelles beaucoup de naturalistes ont prétendu mesurer l'envergure de son esprit. Mais si nous savons aujourd'hui que l'appareil de soutien, apparaissant tard au cours du développement, est une acquisition relativement récente de la forme, un perfectionnement pour elle et non une composante essentielle de son plan, c'est grâce à la méthode de Geoffroy Saint-Hilaire lui-même.

Au lieu de comparer des formes entières, en s'aidant pour y parvenir de ce qu'on appelait la méthode naturelle, Geoffroy Saint-Hilaire compare entre eux les mêmes organes dans les diverses formes, essayant d'établir ainsi des analogies, nous dirions aujourd'hui des homologies; ou encore dans une même forme, considérant les diverses régions, il tâche à montrer qu'elles se valent, qu'elles sont essentiellement équivalentes, construites sur le même plan, capables toutes typiquement d'accomplir les mêmes travaux, homodynames comme nous disons actuellement, et, s'il rencontre en fait des différences régionales, il s'efforce de prouver qu'elles sont secondaires. Sans entrer dans le détail de ses nombreux travaux, signalons qu'en 1807, en essayant de comparer les crânes des oiseaux et des mammifères avec ceux des reptiles et des poissons, il eut l'idée, en face de pièces trop nombreuses dans le crâne des vertébrés inférieurs, de rapporter celles-ci aux points d'ossification que l'on trouve sur le crâne dans les embryons des vertébrés élevés, points plus nombreux que les os eux-mêmes.

Ce fut un véritable trait de génie qui d'ailleurs conduisit son auteur assez loin, puisqu'il le poussa en 1817 à retrouver les vestiges de l'appareil branchial dans l'appareil hyoïdien des vertébrés terrestres, et les os de l'appareil operculaire des poissons dans les osselets de l'oreille des êtres aériens. Les conséquences de ces études étaient considérables, puisqu'elles tendaient à montrer que le larynx n'était pas un appareil spécialement construit pour émettre la voix, ni l'oreille un organe primitivement fait pour recueillir et transmettre les sons, mais que tous les deux avaient d'abord servi à soutenir une branchie qui respirait l'air dissous dans l'eau. C'était déjà avec toute sa fécondité le principe des changements de fonctions repris par Dohrn en 1873.

Serres, disciple de Geoffroy Saint-Hilaire, eut l'idée d'appliquer ces principes nouveaux au développement du squelette en 1819 et, en 1820, au développement et à l'anatomie comparée du système nerveux; il énonça comme une loi que les changements de forme embryonnaire (anatomie transcendante) sont la répétition et le calque des changements de forme qui font l'objet de l'anatomie comparée.

Quant à la morphologie homodynamique, que Geoffroy Saint-Hilaire avait inaugurée spécialement par ses essais pour réduire le crâne en vertèbres composantes, en même temps que le faisait Gœthe en Allemagne, et après que l'avait tenté Oken, elle reçut quelques applications. Savigny en 1816 exposa sa théorie des pièces buccales de l'insecte, suivie en 1820 par les recherches d'Audouin. Celui-ci tenta d'établir l'homonomie initiale dans le corps de l'insecte, considéré comme une somme dont le segment est l'unité. Il s'attacha d'abord à établir le segment type, puis distingua dans le thorax trois de ceux-ci, et trois encore dans la tête; il étendit ses conclusions aux arachnides et aux crustacés. Lacaze-Duthiers en 1829 ramena au même prototype le dernier segment de l'insecte porteur d'aiguillon ou d'autres pièces analogues.

La notion du segment type, unité en laquelle se décompose analytiquement la forme, fut reprise dans une reconstruction synthétique inverse comme une composante effective où l'on se plut à voir une individualité d'ordre inférieur réunie avec ses pareilles pour constituer un individu plus complexe. Moquin-Tandon en 1827 appliqua ce principe à l'explication du corps des sangsues. Dugès en 1830 s'en servit pour fonder la théorie du polyzoïsme de tous les êtres segmentés, Lacaze-Duthiers professa vers 1865 cette doctrine qui, développée par Edmond Perrier en 1880, devint la théorie des colonies animales; nous l'étudierons plus utilement dans les controverses sur l'individualité.

Cependant les idées de Gœthe et de Geoffroy Saint-Hilaire devaient parvenir à leur plein épanouissement en Allemagne et en Angleterre par les travaux d'une pléïade de chercheurs. Après les travaux de L. S. de

Tredern, fils d'un gentilhomme breton émigré, très curieux par le fini de la recherche et l'exactitude des gravures mais qui restèrent inachevés, Rathke (1793-1860) commença à plaider avec force la thèse universellement admise aujourd'hui que l'anatomie comparée ne peut avoir d'existence sans le fondement des études embryologiques. A la même époque Johannès Müller, né à Coblentz (1801-1858), professa à Bonn puis à Berlin et prit un rôle prépondérant en sciences naturelles après la mort de Cuvier et celle de Meckel. Ce fut un très bon esprit qui, sans écarter la nécessité des groupements et des conceptions générales, déclara avec fermeté que la tâche du naturaliste n'est pas seulement de bâtir des théories mais encore de décider de leur justesse. A la suite de ses investigations approfondies sur les vertébrés, les échinodermes, les radiaires, ou sur des formes plus inférieures encore comme les rhizopodes, il sema autour de lui des idées très fécondes. Il eut du reste une retentissante influence et la plupart des savants dont la génération achève sa carrière se réclament de lui. On compte parmi ses élèves, Schwann, Remak, R. Wirchow, Kölliker, etc.

Les travaux embryologiques dont la portée était ainsi comprise ne tardèrent pas à donner les interprétations les plus générales sur la morphologie comparée de tous les animaux. Déjà C. F. Wolff avait émis l'idée essentielle que tout système organique est d'abord une membrane qui s'infléchit en un tube. Les études qui suivirent, faites comme les siennes sur l'œuf du poulet, consacrèrent la donnée identifiant les formations embryonnaires à des lames ou à des feuilles, qui se séparent les unes des autres. Le processus ainsi conçu était dit délamination et l'unité formelle appelée le feuillet. En 1817 Pander reconnut trois de ces lames ou feuillets : un feuillet séreux, un autre muqueux et un troisième vasculaire. C. E. von Baer, un peu plus tard, décrivit comme originels deux feuillets dont il appelait l'un animal et l'autre végétatif : le premier se fendant ultérieurement en deux lames, l'une cutanée, l'autre musculaire, et le second de son côté donnant deux autres lames, la vasculaire et la muqueuse. Entre temps s'établit la théorie cellulaire, et Remak reconnut dans les feuillets des surfaces composées de cellules ; il en distinguait deux primordiaux, le feuillet externe et le feuillet interne, duquel par délamination dérivait le feuillet moyen.

Les recherches, étendues à des œufs plus variés et empruntés aux animaux inférieurs, devaient aboutir à remplacer le concept de délamination par celui de l'invagination ou du plissement et à ne plus considérer le premier phénomène que comme une altération d'un type plus général représenté par le second. Le processus du plissement fut d'abord reconnu pour la formation des deux premières surfaces ou feuillets embryonnaires. En 1849 Huxley ayant distingué dans le corps des méduses deux couches d'éléments les compara aux deux feuillets primordiaux de von Baer. Allman en 1853 créa pour ces deux couches les noms d'ectoderme et d'endoderme qui furent appliqués ensuite aux feuillets embryonnaires.

De 1871 à 1877, Kovalewsky, dans une série de mémoires, établit sur plusieurs embranchements que la segmentation de l'œuf conduit à une sphère creuse ou blastula dont une moitié s'enfonce dans l'autre, constituant ainsi un organisme en forme de coupe ou gastrula à deux surfaces homologues aux deux feuillets embryonnaires. L'ouverture de la coupe de plus en plus rétrécie est le blastopore. Hæckel, de 1873 à 1884, généralisa ces résultats dans sa célèbre « Gastræa-Theorie ». Il prétend que tous les animaux quels qu'ils soient, rencontrent au cours de leur développement une pareille forme simple. Quelques difficultés demeurèrent pour la retrouver avec évidence dans les gros œufs des vertébrés supérieurs; mais aujourd'hui on regarde ces difficultés comme résolues.

Le processus de plissement ou d'invagination fut ensuite recherché dans la formation du feuillet moyen qui vient s'intercaler entre les deux premiers. On admettait d'abord qu'il dérivait de l'endoderme par délamination, comme l'avait proposé Remak, quand les travaux de Kovalewsky en 1867 sur l'amphioxus, et en 1869 et 1870 ceux de Metchnikoff sur les échinodermes et le balanoglossus vinrent montrer que la cavité contenue dans le feuillet moyen, ou cavité générale, est formée par des diverticules isolés de la cavité intestinale primaire, et que par suite le mésoderme est un ou plusieurs plissements de l'endoderme. La question de savoir s'il y a un ou plusieurs plissements a été diversement résolue. Et d'abord y a-t-il toujours plissement? Huxley, en 1875, avait distingué des mésodermes de deux sortes : les uns effectivement formés par des plissements réels qu'il appelait entérocéliques, les autres résultant de masses cellulaires d'abord pleines qui se creusent ensuite d'une cavité et qu'il appelait schizocéliques. Ray Lankester, en 1877, soutint que les seconds dérivent en tous les cas des premiers et la même année Giard émit une opinion analogue.

En 1881, Oscar et Richard Hertwig, réunissant à leurs propres recherches celles des auteurs antérieurs, groupèrent sous le nom de « Cœlom-Theorie » les propositions suivantes. Il y a lieu de distinguer entre les deux couches primitives : 1° un lot de cellules éparses ultérieurement rassemblées qui constituent le mésenchyme et qui chez les vertébrés produisent le tissu conjonctif, le squelette et les vaisseaux sanguins, 2° un vrai mésoderme donnant naissance aux organes génito-urinaires et aux masses musculaires. Ce dernier seul est un plissement endodermique et le plissement résulte d'une paire de diverticules nés près du blastopore. En admettant l'équivalence de la schizocélie et de l'entérocélie, cette théorie explique très bien les mésodermes de la sagitta, des annélides, des mollusques, des vertébrés, mais laisse sans explication les mésodermes originairement métamériques de l'amphioxus, des échinodermes et du balanoglossus.

Reprenant la question, j'ai moi-même modifié cette manière de voir en 1893 pour les vertébrés, puis étendu en 1900 mon interprétation à l'ensemble du règne animal.

Distinguant, comme les frères Hertwig, un ensemble de cellules éparses ou mésenchyme, j'en retire cependant l'appareil circulatoire dont l'ébauche est un plissement de surface, un feuillet au même titre que les autres, comme l'avaient déjà cru Pander et von Baer.

Utilisant ensuite, en la précisant et l'élargissant, une idée émise en 1884 par A. Sedgwick et à laquelle van Beneden avait souscrit en 1891, je considère le mésoderme comme formé par des poches sortant en paires isolées de l'endoderme primitif, et je les compare aux plissements de ce même endoderme chez les polypes actiniaires ou coralliaires. Une seconde sortie de poches identiques aux précédentes constitue l'ébauche du système circulatoire ; enfin une troisième, la dernière chronologiquement, apparaît mais ne se sépare pas de l'endoderme auquel elle reste adjointe pour former les poches branchiales chez les vertébrés, et diverses annexes glandulaires, hépatiques ou urinaires chez les invertébrés.

Le plissement de surface qui donne un thème général pour l'explication intégrale de toutes les complexités de la forme organique n'est pas toujours et en tous cas réalisé avec sa pureté maxima. Déjà on est obligé d'en extraire toujours les tissus mésenchymateux desquels proviendront le tissu conjonctif et le squelette.

En d'autres cas le processus ne s'applique pas du tout, remplacé qu'il est par un autre dont la généralité n'est pas beaucoup moindre. En 1877, Giard avait entrevu un procédé d'élimination pour les organes apparus au cours de l'évolution embryonnaire et qui ne doivent pas persister chez l'adulte ; suivant les connaissances techniques de l'époque, il l'avait attribué à une dégénérescence graisseuse terminant une atrophie par manque de nutrition et l'avait dénommé nécrobiose phylogénique. En 1883, Metchnikoff mit en lumière un certain nombre de phénomènes fort nets et en tira, sous le nom de phagocytose, une théorie particulièrement féconde qui n'a pas encore donné tous ses résultats et dont il a exposé les grands traits en deux œuvres magistrales (1).

A l'intérieur des êtres adultes de très nombreuses cellules, associées aux autres dans les tissus ou libres dans la lymphe et le sang, sont susceptibles d'englober des corpuscules étrangers, par exemple des microbes, et de les digérer comme ferait un protozoaire libre. C'est même la principale ressource des animaux pour résister à l'infection. Ces cellules indépendantes, peu différenciées, sont en outre capables d'attaquer, de dilacérer et de digérer par fragments les cellules plus différenciées de l'organisme auquel elles appartiennent. L'atrophie sénile des masses musculaires ne serait qu'un épisode de ces phénomènes généraux. En outre, certains êtres traversent dans leur vie des phases critiques, rencontrent des embarras physiologiques dus à de brusques changements dans leurs conditions d'existence : passage d'une vie libre à une vie fixée, d'une vie aquatique à une vie aérienne, d'une vie rampante à une vie ailée, etc., et dans ces conditions les phagocytes trans-

1. *Leçons sur la pathologie comparée de l'inflammation*, 1892. — *L'immunité dans les maladies infectieuses*, 1901.

forment rapidement l'organisme en éliminant tous les tissus qui ne vont plus servir, tandis que d'autres apparaissent comme une réparation en forme différente de l'être qui se détruit. Ces brusques révolutions ou métabolies, dites aussi métamorphoses, sont banalement connues chez les insectes, chez les têtards de grenouilles; elles existent en beaucoup d'autres cas, par exemple chez les tuniciers, les bryozoaires, etc. Kovalewsky, en 1887, a établi le fait sur les muscides; et depuis de très nombreux travaux sont venus confirmer et étendre les siens.

Non seulement dans la métamorphose qui fait passer une larve compliquée à une forme adulte qui ne l'est pas beaucoup plus, mais encore à un moment quelconque de l'évolution, peuvent se présenter de pareils bouleversements organiques. Y. Delage les a signalés dès la gastrulation dans les éponges siliceuses; et je considère ces phénomènes comme intervenant (1) dans tout événement morphogénique où l'on peut, avec difficulté, reconnaître un plissement soit dans la gastrulation, soit dans l'apparition du mésoderme en deux cordons pleins, soit dans n'importe quelle circonstance de l'évolution embryogénique. Il faut voir dans les phénomènes métaboliques quand ils surviennent le critère de la phylogénie troublée que Giard indiquait dans la nécrobiose. Quant aux causes mêmes capables de déterminer l'apparition des phénomènes métaboliques, elles sont diverses et ressortissent en tout cas aux recherches dynamiques dont nous n'avons pas à parler maintenant.

De ces façons, on est parvenu à se rendre un compte parfaitement exact et général des manières simples dans leurs traits essentiels dont se réalisent les plus complexes assemblages d'organes et les formes les

1. *La forme et la vie*, 1900.

plus diverses. Les études poursuivies sur les invertébrés ne vont pas à l'heure actuelle beaucoup plus loin dans cette voie et, sauf en de rares travaux, les données sur l'organogénie sont bien loin d'avoir atteint la précision et la pénétration de celles qu'on a entreprises chez les vertébrés. L'anatomie comparée chez les animaux inférieurs n'a, si l'on veut la pousser dans les détails comme il est indispensable de le faire, d'autre fondement que le principe des connexions formulé par Geoffroy Saint-Hilaire. Ce n'est pas qu'il n'ait conduit à la réalisation de quelque belles œuvres comme, par exemple, celles de Lacaze-Duthiers ou de Bouvier sur les mollusques, celles de E. Meyer sur les annélides, et plusieurs autres que nous ne pouvons citer.

Chez les vertébrés, au contraire, les études embryologiques sur le développement et la signification des organes ont été poussées à un degré de perfection telle que, pendant longtemps, elles seront le véritable fondement nécessaire pour des spéculations correctes en morphologie générale.

Comme type de ces recherches et des questions qu'elles ont soulevées, signalons le vieux problème de la constitution vertébrale du crâne soulevé par Oken en 1808, ébauché par Gœthe en 1820 et par Geoffroy Saint-Hilaire en 1821, repoussé dans une seconde période comme insignifiant par Huxley et transformé par Gegenbaur de 1872 à 1887 en celui de la recherche d'une constitution segmentaire pour la tête, applicable seulement à la partie postérieure à la bouche. Il a repris toute son ampleur par les travaux poursuivis sur toutes les composantes de la région : segments mésodermiques, racines nerveuses, fentes branchiales, vaisseaux sanguins; bornons-nous à citer les noms de Balfour, de van Wijhe, de Dohrn pour ne pas transformer cet exposé en une bibliographie technique. La constitution du système nerveux et son plan sont devenus clairs par les recherches de His, Marshall, Beard, Froriep, B. Spencer. La construction fondamentale de l'appareil circulatoire, longtemps méconnue, est cependant conforme à celle de tous les autres systèmes et ressort des travaux de Paul Mayer, de Hochstetter, de Hoffmann, de Houssay, etc. L'organe rénal, si intéressant par son accord primitif avec la métamérie originelle et ses complexes transformations ultérieures, a été élucidé par les beaux mémoires de Semper en 1875, de Balfour en 1876 et par beaucoup d'autres qui les ont précisés jusqu'à ceux qui, établissant l'origine ectodermique du canal excréteur primitif, ont permis de fixer la signification morphologique de l'organe et qui sont dus à van Wijhe (1886), Perenyi, Beard (1887), Mitsukuri (1888).

De la succession des œuvres importantes fiévreusement accomplies en moins d'un quart de siècle est résulté un ensemble de documents amoncelés comme preuves d'une théorie conçue avant leur découverte et qui, par l'intérêt qu'elle suscitait, a été la cause même de l'excitation à la recherche. Cette théorie est celle de l'évolution, considérant l'ensemble des formes vivantes, réparties à l'heure actuelle sur la surface du globe, comme le dernier terme d'une longue série de changements effectués au cours des âges, en partant de formes d'abord très simples, successivement compliquées, changements dont les transformations embryonnaires sont l'image exacte quoique brève.

CHAPITRE IV

Classifications continues. — Arbres généalogiques des formes vivantes.

Sommaire. — L'idée d'évolution. — Elle heurte d'abord le dogme de la création étroitement compris. — Le développement individuel et l'évolution des espèces. — La précocité des caractères comme signe de leur importance. — Précocité chez les embryons et constance chez les adultes.

L'idée d'évolution réduite à ses traits les plus généraux, c'est-à-dire à la possibilité du changement des formes les unes dans les autres, s'est produite dès la plus haute antiquité et n'a jamais été complètement oubliée, comme nous le verrons dans l'étude des œuvres dynamiques ; mais, au début du siècle dernier, malgré Lamarck, elle n'avait plus grand crédit, presque effacée par la puissante influence de Linné, des Jussieu et de Cuvier. Aussi, quand elle reparut en 1858 avec les mémoires de Wallace et de Darwin, ce fut avec l'éclat d'une nouveauté. Elle se répandit rapidement dans tous les centres de culture intellectuelle, malgré d'ardentes controverses et malgré l'opposition qu'y firent entre autres Agassiz, en Amérique, de Quatrefages et de Lacaze-Duthiers, en France.

Indépendamment des principes statiques, alors dans

toute leur vigueur, elle heurtait une interprétation, qui avait presque la force d'un dogme religieux, relativement à la place faite à l'homme dans la nature ou plutôt hors de la nature par une création spéciale en un jour particulier. Déjà la découverte de Boucher de Perthes avait, en 1863, causé un vif émoi en suggérant d'assigner à l'apparition de l'espèce humaine une date beaucoup plus reculée que celle à laquelle on avait coutume de s'arrêter. La même année Huxley écrivait : On a fini par admettre qu'en considérant n'importe quel système d'organe « la comparaison « des modifications qu'il subit à travers la série « simiesque nous conduit toujours à la même conclu- « sion que les différences anatomiques séparant « l'homme du gorille et du chimpanzé ne sont pas si « grandes que celles qui distinguent le gorille d'avec « les autres singes. » La question fut traitée dans le même sens par C. Vogt à diverses reprises, par Darwin dans son livre sur la descendance de l'homme (1871) et par Hæckel dans son anthropogénie (1874). Plus récemment enfin, le *pithecanthropus erectus*, découvert en 1894, à Java, par le médecin militaire Eug. Dubois, a fourni un intermédiaire extraordinairement précis entre l'homme actuel et les plus élevés des singes catarrhiniens.

L'homme, si étroitement rattaché aux autres mammifères par sa forme organique, diffère de ceux qui l'avoisinent le plus par ses capacités de vivre en société tant avec les êtres de son espèce qu'avec d'autres animaux groupés sous son hégémonie. Les qualités d'altruisme qui lui permettent ce genre de vie ont contribué, par l'association des actes, au développement de sa puissance matérielle et même de son intelligence, exercée, cultivée en raison des efforts accomplis pour atteindre à la précision des concepts, précision nécessaire pour les communiquer, les signifier par gestes et les exprimer par des sons.

L'ensemble de ces vertus altruistes, inculquées aux jeunes comme étant une des plus précieuses caractéristiques de l'homme, celle qui a fait la grandeur de la race et des individus, est la base de l'enseignement moral, un des traits zoologiques essentiels du primate social.

Pendant que cette question, anatomiquement accessoire et capitale pour la philosophie, approchait de sa solution, des vues nouvelles s'ébauchaient sur l'ensemble des formes animales et sur la signification de leurs ressemblances et de leurs différences.

Gegenbaur, dans ses principes d'anatomie comparée, en 1870, appliqua le premier cette science à un point de vue transformiste. La notion d'évolution admise posa tout autrement le problème des classifications. Les rapports autrefois reconnus entre les êtres traduisent alors des liens de parenté et le groupement possible des formes animales devint la construction d'un arbre généalogique.

Hæckel, d'abord, en tenta dans sa *Generelle Morphologie* (1866) un essai complété plus tard, en 1873, par sa théorie de la gastrula. Pendant toute sa carrière professeur à l'Université d'Iéna, il a le premier rendu pleine justice au génie de Lamarck et s'est montré un des plus énergiques à réfuter les visions du monde d'allure anthropomorphique, anthropocentrique ou anthropolâtrique. Les classifications reposaient jusqu'alors sur le principe de la subordination des caractères, Hæckel y substitua un criterium combinant les données de l'embryologie avec les hypothèses évolutionnistes et qui s'exprime de la manière suivante : « L'ontogénie reproduit la phylogénie », c'est-à-dire que chaque être répète au cours de son développement personnel la série des formes par lesquelles sa race a passé dans le temps. Déjà Fritz Müller en 1864, dans son livre *Für Darwin*, l'avait posé à propos des crustacés,

Darwin l'avait fait pressentir et c'était en fin de compte la forme évolutionniste de la loi formulée par Serres en 1821.

Hæckel expose la série suivante de faits combinant la théorie cellulaire et celle des feuillets : 1° Les êtres vivants se divisent en protozoaires formés d'une seule cellule et en métazoaires constitués par un grand nombre de ces éléments ; 2° les métazoaires ont d'abord deux feuillets ou tissus germinatifs primaires : l'ectoderme et l'endoderme, ce qui les ramène à un certain moment à la forme gastrula ; 3° ce stade ontogénique commun indique la descendance commune de tous les métazoaires, c'est la souche ou le tronc de leur arbre généalogique.

De son côté, Ray Lankester, en 1873 et 1877, essaya de tracer le dessin de cet arbre en relevant les continuités qu'établissent entre les animaux les modes dont se forment les feuillets primordiaux de l'embryon.

En ajoutant à ces considérations celles de diverses formes larvaires, Giard, en 1876 et 1878, construisit un arbre généalogique, encore modifié par lui pour quelques points en 1889. La considération de la larve trochophore lui permit notamment de réunir sur un même rameau un certain nombre de formes dont les plus importantes sont les mollusques et les annélides, rattachés ensemble au tronc commun par les rotifères de construction plus simple.

Beaucoup de semblables tentatives ont suivi, exprimant dans leurs modifications de détails ou quelques faits nouveaux, ou quelque idée particulière à leurs auteurs sur l'importance de telle ou telle catégorie de données. Qu'il nous soit permis d'indiquer à titre d'essais récents ceux que nous avons nous-mêmes présentés en 1900. Etablissant un premier arbre généalogique, ou courbe rameuse, figurant la continuité d'après les formes larvaires, un deuxième d'après les modes d'apparition du mésoblaste et un troisième où sont notées les circonstances reconnues capables de troubler la morphogénie et par suite de faire diverger les êtres, nous trouvons les trois graphiques exactement superposables.

Toutes ces concordances, poursuivies aussi loin qu'on le veut, indiquent une continuité réelle et suggèrent une descendance véritable comme hautement probable. Elles n'en donnent pas, il est vrai, une démonstration totale parce que, parmi les rapports combinés, les uns sont donnés (embryologie), les autres (anatomie comparée) sont par nous-même calqués sur les premiers ; de là vient qu'ils concordent. Il faut remarquer cependant que la concordance voulue et cherchée est tout de même trouvée, elle est donc possible, malgré la complication déjà grande des combinaisons et le problème comporte ainsi une solution satisfaisante. Celle-ci est rendue plus probable encore par une troisième concordance parfaitement objective qu'apportent les vérifications paléontologiques.

Ce n'est pas à dire que ce soit la seule solution acceptable et que l'on n'en puisse imaginer quelque autre. Ne pourrait-on pas croire avec Galton que les lois mécaniques présidant au groupement des cellules issues par division d'un élément premier permettent seulement un petit nombre de combinaisons stables, que ces combinaisons stables peuvent seules se produire (phases embryonnaires) et durer (phases adultes), que, par suite de leur petit nombre, on retrouvera toujours les mêmes et qu'il n'y aurait à tirer de ces rapprochements aucune idée de dérivation, mais uniquement de similitude entre les effets sans rapport appréciable entre leurs causes en nombre infini ?

Cette invocation du hasard, encore qu'elle puisse plaire à certains esprits, n'en satisfait pas le plus grand nombre, car elle est un aveu qu'il n'y a rien à chercher ni à savoir.

Que les concordances cinématiques n'exigent pas nécessairement l'évolution, c'est ce qui ressort des théories d'Agassiz (1). Convaincu que les quatre embranchements de Cuvier ont une existence objective, et qu'on les doit trouver à toutes les époques aussi distincts qu'ils le sont maintenant, il admet toutefois que les ordres et peut-être aussi les classes représentent sur ces quatre données fondamentales des variations sériables dont l'existence n'implique d'ailleurs aucune évolution. Le fait que les formes embryonnaires des êtres actuels rappellent certains types fossiles lui paraît simplement marquer que les fossiles en question sont des formes prophétiques, annonçant déjà ce qui sera réalisé plus tard. Une faune ancienne est pour lui la prophétie des modes d'évolution d'une faune plus moderne. Comme son explication n'est valable que si l'on reconnaît une intelligence prévoyante pour prophétiser, il aurait pu dire également que les répétitions embryologiques sont un souvenir dans l'intelligence qui avait combiné autrefois les formes entières de la même apparence. Et puisque des rapports existent aussi entre le développement embryonnaire (ontogénie) et la gradation de structure (phylogénie), cela signifie que toutes les combinaisons réalisées s'enchaînent dans un plan coordonné qui traduit la pensée uniforme de l'intelligence divine sous divers aspects dans le temps, dans l'espace et dans la structure. Le seul soutien de cette doctrine parfaitement cohérente est la conception d'une intelligence créatrice et providentielle, et si on l'écarte tout l'échafaudage s'écroule. Agassiz, ayant cru voir que les faunes fossiles d'une certaine époque diffèrent totalement de celles qui les précè-

1. *De l'espèce et des classifications* Paris, 1862.

dent ou les suivent, admet non plus seulement une création, mais encore un très grand nombre. La multiplicité des créations est une manière de fragmenter la discontinuité par laquelle elle se rapproche de la continuité. Un grand nombre de créations est un concept qui tend vers celui d'évolution, comme le contour d'un polygone inscrit dans une courbe tend vers cette courbe si l'on multiplie le nombre de ses côtés.

Il semble bien pourtant que toutes les périodes géologiques ne sont pas comparables entre elles par l'importance des changements que l'on observe en passant de l'une à l'autre. Des couches primitives sans fossiles, ou avec quelques êtres très simples, on passe tout de suite aux terrains primaires avec des fossiles dont la forme est compliquée déjà et par lesquels sont représentés les divers embranchements. Il y a donc eu une époque relativement courte dans laquelle se sont accomplies sur les vivants les plus grandes modifications, et, si l'on tient à garder le nom de création, c'est à cette unique époque d'intense morphogenèse qu'il convient de l'appliquer. D'autant plus que nous voyons de la même sorte un poulet, par exemple, au cours de son développement, employer deux jours pour être un vertébré, neuf pour être un oiseau et vingt et un pour être un poulet. Les plus faibles changements demandent le plus de temps pour s'accomplir et inversement.

Charles Naudin, un des premiers qui avec Gaudry et Giard admit en France la thèse transformiste, avait émis en 1874 une idée quelque peu analogue. Il imagine qu'un protoblastème initial homogène s'est organisé et différencié tout de suite en un certain nombre d'amas, désormais séparés et immiscibles. Chaque groupe, évoluant à part, s'est spécialisé en prenant des figures et des apparences propres sans jamais plus se mêler et se croiser avec les types spécifiques provenant des autres amas ou germes initiaux. C'est moins, comme on a dit, l'évolution limitée que la détermination précoce, tout près de l'origine, des grandes lignes de l'évolution et cette manière de voir contient sans doute une grande part de la vérité.

CHAPITRE V

Différenciation cellulaire.

Sommaire. — Le développement embryonnaire est un changement de l'homogène en hétérogène. — La différenciation criterium du perfectionnement. — Organisation et division du travail.

L'épigenèse ayant amené à concevoir les changements de forme par adjonction de parties nouvelles s'adapta très bien à la théorie cellulaire dès que fut formulée celle-ci. L'édification d'un être vivant se trouvait intrinsèquement réglée par deux phénomènes fondamentaux : 1° la multiplication des cellules; 2° la diversité des aspects auxquels pouvaient atteindre celles-ci en partant toutes de la même forme banale sphérique ou ellipsoïdale.

La croissance est donc accompagnée de différenciation. Un développement ontogénique se montre comme un cas particulier du phénomène général signalé par Herbert Spencer sur le changement de l'homogène en hétérogène, vision si complètement opposée à celle de Weismann qu'elle en est le contraire : puisque pour celui-ci la cellule œuf hétérogène produit par ses divisions répétées des groupes cellulaires de plus en plus homogènes chacun. Le thème de la différenciation est d'ailleurs plus adéquat aux faits visibles, car, dans la réalité, on peut suivre sur divers embryons la complication progressive depuis la cellule banale jusqu'à l'élément si compliqué et si caractérisé qu'est par exemple une des cellules nerveuses, telles que nous ont appris à les connaître les patients travaux de ces vingt dernières années accomplis par tant d'histologistes de valeur, parmi lesquels il convient de citer Golgi, R. y Cajal, Retzius, etc.

La différenciation histogénique est presque la seule loi qui serve de fondement à l'anatomie botanique. Ebauchée d'abord par les travaux de Malpighi et de Grew vers 1671, elle ne fut reprise avec suite que par Brisseau de Mirbel (1776-1854). Celui-ci d'abord professeur à l'Université de Paris, puis au Muséum, eut un très grand rôle scientifique, bien que ses idées aient été vivement contestées et discutées par les savants étrangers, surtout en Allemagne. Dans ce pays, Hugo Mohl fut, vers 1830, parmi les représentants les plus autorisés de cette partie de la science. Ses travaux élucidèrent singulièrement la question de savoir d'une façon rigoureuse comment, par simple disparition du protoplasme, c'est-à-dire par la mort élémentaire, dérivent de la cellule prototypique les éléments compliqués de la plante tels, par exemple, que les vaisseaux du bois. De nombreux savants s'occupèrent de ces études avec un certain éclat, entre autres Nägeli qui chercha à connaître les conditions de la vie intime par la structure des éléments. La France, après Mirbel, exception faite pour les travaux de A. Chatin, parut se désintéresser complètement de l'anatomie botanique; celle-ci n'y fut remise en honneur que par van Tieghem, dont les premiers mémoires, en 1867, furent suivis par beaucoup d'autres et suscitèrent ceux de toute une école. Van Tieghem eut la préoccupation de chercher des lois d'ensemble sur l'agrégation des tissus et d'élever à des considérations de morphologie l'anatomie botanique un peu perdue jusque-là dans le détail histologique.

La morphologie animale plus complexe suit la différenciation dans les tissus et dans les organes ; et à ces divers sujets H. Milne-Edwards arrive, en 1827 et 1834, à exprimer sa célèbre loi de la complication organique. Le criterium de la perfection des formes est pour lui non pas tant le nombre et la masse des cellules que les qualités diverses grâce auxquelles elles concourent à un but unique en se divisant le travail. Cette conception, qui rapproche pour la première fois les sciences biologiques et les sciences sociologiques, introduit dans les unes et dans les autres une seule manière de juger et de comparer ; elle associe, d'ailleurs heureusement, dans une même formule les conceptions de différenciation morphologique et de division du travail physiologique. Elle ne s'applique pas seulement à la différenciation cellulaire mais encore à la diversité et au nombre des organes, à la variété qui se produit entre les régions primitivement semblables d'un être segmenté et entre les régions diversement fonctionnelles d'un même cormus chez les animaux inférieurs. Par cette voie et par la façon dont elle facilite à tout instant les comparaisons et les métaphores sociologiques, elle dispose à concevoir les parties différentes, quoique continues, d'un animal unique dans les mêmes rapports qu'ont entre elles les personnes, diverses aussi mais contiguës et vraiment assemblées, qui constituent les sociétés humaines. Elle prépare le chemin aux conceptions coloniales ou polyzoïques des êtres compliqués qui ont eu leur heure de célébrité.

LIVRE IV

LA RECHERCHE DES LOIS DE CAUSALITÉ

SOMMAIRE :

CHAPITRE I

Continuité et Causalité.

Sommaire. — La continuité totale. — Les discontinuités admises et les unités spécifiques, individuelles, cellulaires n'ont pas de valeur absolue. — Ce sont des états physiquement causés. — Diverses manières d'identifier les phénomènes vitaux et non vitaux. — La notion de causalité. — Les données de la physique, de la chimie, de la physiologie sont le fondement des explications.

La recherche de la causalité a pour condition nécessaire dans l'esprit le rejet des tendances à créer les discontinuités et les séparations. Il n'y a plus à mettre les vivants à part comme distincts de l'ensemble des choses; il ne faut plus imaginer un principe vital, raison spéciale qui produit et règle les phénomènes de la vie. Toutes les propriétés doivent être tenues pour régies par les lois générales de la physique et de la chimie. Dans l'étude particulière des objets vivants il faut admettre à titre de créations intellectuelles seulement et pour les besoins de l'expression les discontinuités qui font les classes, les ordres ou les espèces. Ces concepts ont l'utilité en même temps que les inconvénients du langage; ils sont pratiquement indispensables pour exprimer mais fautifs comme discontinus et, s'il est vrai que l'on ne puisse sans embarras les écarter, au moins doit-on à tout instant les corriger dans l'imagination afin de voir par delà le Cosmos continu se refléter en eux.

En refusant l'objectivité aux espèces, encore ne faut-il pas la reconnaître trop expressément aux individus. Au lieu d'accepter en eux l'unité nécessaire, inexplicable et donnée, il faut les comprendre comme des assemblages matériels, des groupements momentanés, usuellement identiques en raison de ce qu'ils sont produits par les mêmes combinaisons invariées de forces et d'impulsions. De même la forme et les combinaisons organiques sont des contingences que l'on peut modifier en changeant les conditions où elles se réalisent d'ordinaire.

Il ne convient pas davantage de croire à la valeur absolue de l'unité cellulaire. Les considérations qu'ont fait valoir A. Sedgwick en 1883, 1895 et 1896, Whitman en 1893 et Yves Delage en 1896 ont en effet fortement ébranlé le concept de cellule. Étant donné le protoplasme, substance que l'on définit chimiquement, dans la mesure où cela est possible pour les albuminoïdes, et qui est en tout cas exclusivement composé de corps partout connus : oxygène, hydrogène, azote et carbone, on admet que son existence en petites masses isolées, pour constituer les protozoaires, ne lui confère pas plus de droits à la notion spéciale d'individualité que n'en ont les gouttes d'huile ou les gouttes d'eau qui tombent et ruissellent. Les unes et les autres sont des personnes momentanées tant que leur tension superficielle avec le milieu ambiant ne les fait pas s'y diffuser et s'y évanouir. C'est le même ensemble de forces ou de tensions superficielles qui, dans le métazoaire, individualise des noyaux au sein des masses plasmiques, séparées en gouttes cellulaires, à demi réunies par des filets en réseaux, ou tout à fait confluentes comme dans les syncitium. Le protoplasme lui aussi n'est maintenu en quelques apparences formelles définies que par sa tension superficielle avec les liquides intercellulaires qui le baignent de toutes parts. De pareils ensembles liquides ou visqueux, soutenus par l'enchevêtrement squelettique des substances élastiques, minérales ou ligneuses, élaborées par le protoplasme, constituent les corps végétaux ou animaux ordinairement considérés comme des solides. Le tout d'ailleurs est en perpétuel échange d'osmose et de combinaisons avec le milieu extérieur infini.

Ces rappels à la continuité ont pour la plupart trait à des connaissances techniques relativement récentes, mais la non distinction entre les vivants et les objets inertes est une idée fort ancienne. On peut au reste concevoir deux façons pour identifier les phénomènes vitaux et non vitaux, soit en supprimant comme entité distincte le concept de vie et en le dispersant ou le répartissant dans les diverses actions physico-chimiques et c'est la façon qui peut sembler logique puisqu'elle incorpore dans le général un particulier, soit encore en faisant tout rentrer dans le concept de vie, procédé plus saisissant car il absorbe le général dans le particulier le plus cher aux hommes, dans celui qui intéresse la plupart d'entre eux au plus haut degré.

La seconde alternative est réalisée dans la manière antique qui attribuait à des êtres quelconques la vie, de la façon même où elle était conçue chez l'homme. Chacun de ceux-ci, on le sait surtout par les textes égyptiens, était censé posséder un double, un peu distinct de ce que nous nommons aujourd'hui l'âme mais non toutefois sans analogie. Beaucoup d'autres objets ont été considérés comme possédant ce double. Par extension anthropomorphique, il y avait l'esprit des piliers sacrés, celui qui parlait dans le chêne de Dodonne, les âmes des chênes ou hamadryades. Les sources, les grottes, les cavernes, les rochers en étaient aussi doués. Toutes les forces de la nature, tous les phénomènes étaient dédoublés et représentés de cette façon Parmi les âmes des choses quelques-unes entrèrent comme divinités dans le Panthéon païen et les autres continuèrent d'errer dans la connaissance humaine comme lutins, gnomes, farfadets, fées, korrigans, etc.

L'identification panpsychiste de la vie et de la non vie n'a pu conduire à des concepts scientifiques parce qu'elle a porté surtout sur les propriétés les moins accessibles à la mesure, sur celles qui étaient relatives dans les vivants à la pensée et à la conscience. La seule œuvre d'allure scientifique où l'on retrouve à la base une conception semblable est celle de René Robinet. Né à Rennes, il publia sous le titre « *De la Nature* » un ouvrage en 4 volumes (1). Il y exprime une philosophie profonde et hardie ; pour lui tous les êtres sont animés, se meuvent, se multiplient, tous, même les planètes et les étoiles. Du reste toutes nos distinctions sont passibles de critique ; le classement en vivants et non vivants, inspiré par quelque sentiment obscur, n'a guère de précision et dès qu'on veut tracer les limites et les définir, elles s'évanouissent. En outre, dans ce qu'on nomme ordinairement les vivants, tout ce qu'on catégorise et tout ce qu'on classe n'a d'existence que dans notre esprit, et pour Robinet la réalité se compose des seuls individus. Encore dans les individus les qualités sont-elles reliées les unes aux autres par d'insensibles transitions et l'espèce est-elle une coupure que nous faisons par incapacité de distinguer ces chaînes ténues qui relient les individus entre eux. Les modifications qui nous donnent l'idée de la diversité sont produites comme résultat de l'action des forces physiques sur les germes ; c'est une vue qui fut plus tard reprise par Geoffroy Saint-Hilaire. Robinet va donc très loin dans la connaissance des continuités.

1. Amsterdam, 1761-1768.

L'opinion émise pour la première fois que la nature est uniquement composée par des individus ne s'accorde pas sans peine avec cette autre idée qu'il ne saurait y avoir de science si ce n'est du général. Elle nous révèle tout de suite qu'une parité entre la nature et la science ne peut s'établir que dans notre esprit et, afin qu'il soit un théâtre suffisant pour ce grandiose accord, on le doit cultiver, assouplir, élargir à la mesure de la connaissance toujours plus étendue sur les phénomènes. Les plus incontestables progrès étant manifestement sensoriels et techniques, on ne s'en imprégnera que par la vision directe sans cesse renouvelée, pour acquérir de la sorte seulement l'âme spéciale indispensable à la représentation la moins déformée du monde.

L'autre façon d'identifier les phénomènes vitaux avec ceux qui se passent dans le reste du monde s'est poursuivie et successivement précisée jusqu'à l'époque actuelle depuis Thalès de Milet qui, vers 640 avant J.-C., considérait tous les êtres vivants comme élaborés au fond des eaux marines puis de là peu à peu répandus sur les terres, et qui professait en somme les plus vieilles idées dont nous ayons connaissance par les cosmogonies chaldéennes. Deux siècles plus tard, Hippocrate, 460 ans avant J.-C., s'est appliqué à mettre en évidence les actions de l'air, de l'eau, de l'habitat sur les êtres vivants et a distingué par suite ce que nous appellerions aujourd'hui les facteurs externes de leur vie et de leur forme ; les facteurs internes sont pour lui matérialisés par les qualités du sang, de la bile, de l'atrabile et du flegme. A la même époque, Démocrite se montrait comme le premier déterministe. Il paraît avoir disséqué les animaux et Aristote le cite souvent, mais rien ne nous est parvenu de ses études. Il ne voit dans le monde que la matière illimitée dans le temps et l'espace et qui n'a pas de cause. Ce qui n'est pas matériel est vide ; et la matière d'autre part est composée d'atomes. Il ne conçoit pas d'atomes spéciaux pour la matière vivante ; elle est constituée par les mêmes que toutes les autres substances et ne diffère de celles-ci, comme elles diffèrent entre elles, que par l'arrangement des atomes. Ces derniers, animés d'un éternel mouvement, produisent tous les êtres en vertu d'une nécessité aveugle. On retrouve dans Epicure les mêmes tendances si l'on en juge au moins par ce que les disciples nous ont transmis de sa doctrine. D'après lui les dieux ne s'occupent pas des affaires des hommes et la causalité est à rechercher dans la nature même.

Lucrèce dans son captivant poème « *De Natura rerum* » pose quelques principes que les dynamistes modernes acceptent tels quels. On ne saurait mieux rejeter la finalité dans l'adaptation des organes aux fonctions que par ces deux vers (IV, 832).

Nil ideo quoniam natum est in corpore, ut uti
Possemus ; sed, quod natum est, id procreat usum.

C'est le complément nécessaire et la contre-partie de l'aphorisme courant « la fonction crée l'organe », puisqu'aussi bien un organe déjà déterminé par une certaine fonction peut en changer et, par le fait qu'il est né, créer un usage nouveau.

Le poète s'est rendu compte aussi de la variabilité de fait dans les êtres auxquels on donne couramment le même nom, c'est-à-dire de même espèce, et l'exprime par le beau passage (II, 291) où il décrit la vache capable de reconnaître son veau parmi les autres, l'agneau qui n'hésite jamais à retrouver sa mère et les grains différents qui forment un épi. Les propriétés diverses des êtres différents résultent seulement de l'hétérogénéité des substances et celle-ci ne provient à son tour que des arrangements variés auxquels sont soumis les éléments communs primordiaux. Les substances ne sont pas spéciales, il n'y a de particulier que les propriétés, les accidents, les manières d'être qui dérivent des arrangements divers. Cependant comme aucune chose ne peut sortir de rien, que les formes et les propriétés accessibles à nos sens sont suffisamment constantes, il en faut conclure que chaque être est qualifié jusque dans son principe et déterminé ; et, comme au surplus rien ne se perd, un perpétuel courant matériel revêt successivement toutes les apparences.

Dans le moyen âge, si nous ne tenons pas compte comme intéressant nos sciences des rêves alchimiques, nous ne sommes arrêtés que par le nom d'Averroës (Ibn Rochd). Né en 1120 à Cordoue et mort au Maroc en 1198, il commenta en entier Aristote qu'il considère comme le maître souverain après lequel il n'y a plus rien à tenter, et cependant lui-même se montra disciple très indépendant et très original. Pour lui, Dieu et la nature sont également éternels, et rien n'a été créé. Entre l'ensemble du monde composé et Dieu, qui est comme en dehors de tout, presque inutile pour l'explication, il admet un esprit qui meut, une cause de mouvement analogue à l'âme du monde de Platon et surtout de Plotin et à l'entendement actif d'El Farabi, philosophe du xe siècle. L'entendement actif, la cause vague ou l'ensemble des causes, peut seulement changer les rapports qu'ont entre eux les éléments matériels, à la façon de l'énergie que conçoivent les modernes ; mais ce pouvoir de changer les rapports suffit pour manifester les formes qui sont en lui. Donc, comme Aristote, il distingue la matière de la forme, mais considère celle-ci comme l'effet des forces sur la matière. On peut donc voir en Averroës un véritable dynamiste si l'on réduit l'entendement actif à sa valeur physique ; cela est d'autant plus permis que pour ce philosophe les pensées naissent de la matière en un ordre déterminé et qu'il n'entend pas faire entre les deux de radicale opposition.

Préoccupé d'astrologie, comme tous ses contemporains, il suppose que le mouvement circulaire du ciel contribue à manifester les formes qui apparaissent dans la matière; il interpose donc encore en avant de l'entendement actif un ensemble physique qui tend à supprimer celui-ci comme lui-même a déjà supprimé Dieu. Cette doctrine combattue par saint Thomas fut condamnée en 1420 par l'Université de Paris et en 1512 par le concile de Latran.

Dans la suite, le règne d'Aristote et les efforts pour arriver aux constructions statiques que nous avons exposées laissent un long intervalle avant de voir reprendre par Buffon la tradition dynamiste.

Georges-Louis Leclerc prit d'une de ses terres le nom de Buffon sous lequel il fut ensuite créé comte par Louis XV. Exact contemporain de Linné (1707-1788) il en fut en quelque sorte l'antipode comme savant. Pour ce qu'il nous en faut dire, il est intéressant de remarquer d'abord que ses premières études furent mathématiques et c'est comme géomètre qu'il fut accueilli à l'Académie des Sciences. A l'inverse de Linné, qui avait vécu dès son enfance à regarder le monde et dont les idées s'étaient progressivement formées sous cette vision directe, Buffon se prit à observer avec un esprit déjà charpenté et un système d'idées tout construit. Comblé d'honneurs de son vivant, membre de l'Académie des Sciences, puis de l'Académie française, il fut dans la suite presque rejeté par les hommes de science qui, ne voulant plus voir en lui que le parfait styliste, méconnurent toutes ses autres qualités. Peu d'esprits cependant sont plus pénétrants que celui-là et peu d'intelligences plus vastes se sont appliquées aux sciences naturelles.

Nommé intendant au Jardin du Roi en 1739, il avait déjà trente-deux ans quand il entreprit son

Histoire naturelle dont les premiers volumes parurent en 1749. Elle devait embrasser toute la nature, mais ne contint que les minéraux, les mammifères et les oiseaux. Parmi ses livres, ce ne sont pas ses splendides descriptions qui nous retiendront, mais surtout ses deux mémoires sur la théorie de la terre (1749), sur les époques de la nature (1779) et les parties générales sur la croissance et la reproduction de son *Histoire naturelle des animaux*. Encore faut-il les dégager de tout ce qu'il a dû y g isser pour avoir la paix, pour ne pas entendre retentir à ses oreilles les accusations d'athéisme ou de libertinage : tout ce surcroît d'ailleurs est peu de chose et se superpose à l'ensemble du discours plutôt qu'il ne s y lie étroitement.

L'horreur de Buffon pour les classifications est un thème banal et c'est aussi la raison pour laquelle il tomba dans le mépris des naturalistes collectionneurs. Elle se justifie par la nature de son esprit profondément critique et même sceptique, si l'on en juge par les confidences que rapporte Hérault de Séchelles dans sa visite à Buffon en 1785. Sa critique et son scepticisme néanmoins ne se diffusaient pas sur toutes choses pour tarir toute source d'action ; une parole éloquente comme la sienne n'aurait d'ailleurs pas pu naître et se répandre hors d'un esprit stérilisé par une aussi perpétuelle négation ; mais il touchait droit au fond des questions et sa critique portait de suite sur les conditions de la connaissance humaine et sur les rapports de celle-ci avec la réalité naturelle.

« L'esprit humain ne peut rien créer ; il ne pro-« duira qu'après avoir été fécondé par l'expérience et « la méditation, ses connaissances sont les germes de « sa production. » Il dit autre part : « Nos sens, comme « l'on sait, ne nous donnent pas des notions exactes « et complètes des choses que nous avons besoin de « connaître. » Il faut utiliser des secours étrangers :

règles, principes, instruments « qui sont des ouvrages « de l'esprit humain et tiennent plus ou moins à la « réduction ou à l'abstraction de nos idées. Cette « abstraction, selon nous, est le simple des choses et « la difficulté de les réduire à cette abstraction fait « le composé ». Et plus loin, il ajoute : « Nous pre- « nons partout l'abstrait pour le simple et le réel « pour le composé. »

Telles sont les raisons pour lesquelles il se méfie des constructions qu'élève notre esprit et repousse les prétentions qu'on a de leur faire représenter en un tableau général l'ensemble de la nature; car on ne peut vraiment reprocher de n'avoir pas su goûter la mise en ordre ou concevoir un plan à l'homme qui a si profondément médité sur l'art de composer et qui a si admirablement traduit ses réflexions dans son *Discours sur le style*, lors de sa réception à l'Académie française, en 1753.

Avec une vue largement cosmique, il sait que l'homme « borné à l'atome terrestre sur lequel il « végète, voit cet atome comme un monde, et ne voit « les mondes que comme des atomes ». Pénétré des idées de Newton, il comprend dynamiquement la nature ainsi que le théâtre dans lequel « une seule « force est la cause de tous les phénomènes de la ma- « tière brute et cette force, réunie avec celle de la « chaleur, produit les molécules vivantes desquelles « dépendent tous les effets des substances organi- « sées ». Il pense que trouver une cause c'est rattacher tous les phénomènes à un autre si général qu'il ne puisse plus être comparé à rien ni par suite davantage connu, attendu que la connaissance n'a d'autre base que la comparaison. Buffon ne s'illusionne pas d'ailleurs sur les difficultés qu'on y doit rencontrer. « Il faut pour que nous puissions mesurer une cause « qu'elle soit simple, qu'elle soit toujours la même, « que son action soit constante ou, ce qui revient

« au même, qu'elle ne soit variable que suivant une « loi qui nous soit exactement connue. Or, dans la « nature, la plupart des effets dépendent de plusieurs « causes différemment combinées, de causes dont « l'action varie, dont les degrés d'activité ne semblent « suivre aucune règle, aucune loi constante, et que « nous ne pouvons par conséquent ni mesurer, ni « même estimer que comme on estime des probabi- « lités, en tâchant d'approcher de la vérité par le « moyen des vraisemblances. »

La notion générale de causalité ainsi posée est celle qui existe encore pour nous. Mais il s'agit sur ce terme de bien s'entendre et, dans la dynamique biologique, nous dirons avoir trouvé la cause d'un phénomène d'aspect très complexe quand nous l'aurons rattaché à un phénomène physique ou chimique, très complexe aussi peut-être, mais qui du moins passe pour connaissable. L'explication du phénomène initial est une autre tâche, et les biologistes auront pour leur part contribué à généraliser la solution dès qu'elle sera connue.

Le terme de cause, trop compréhensif pour entrer dans une représentation symbolique autre que celle de fonction au sens mathématique, est considéré avec méfiance par les savants qui redoutent la métaphysique; celui de force, plus abstrait, susceptible d'être figuré en direction et en grandeur, réduit le concept pour l'exprimer mieux, ce qui est ordinairement regardé comme un progrès, mais où nous voyons pour notre part une fâcheuse condition de la connaissance humaine qu'il faut rectifier sans cesse. Une technique plus avancée le remplacera peut-être lui-même un jour, dans l'explication des phénomènes morphologiques et morphogéniques, par la notion de travail ou d'énergie, mieux capable encore d'endormir l'attention par une formule et de donner la chère illusion du savoir précis.

Dans l'état actuel de nos connaissances, le fondement des conceptions dynamiques est dans cette idée si justement exprimée par Laplace : « Nous devons « envisager l'état présent de l'univers comme l'effet « de son état antérieur et comme la cause de celui « qui va suivre. »

L'effet peut être défini comme une fonction de ses diverses causes et du temps. La cause de chaque événement est à chercher tant en lui-même qu'en dehors de lui; mais cela ne suffit pas, il faut y adjoindre l'idée de temps et de succession. De la considération du temps, il faut d'abord exclure l'avenir qui implique pour la cause la finalité et ne tenir aucun compte du devenir de l'objet étudié, ce qu'ont tant de peine à faire les embryologistes que presque aucun d'eux ne s'y soumet sans réserve.

Restent comme durées permises à l'exploration le présent et le passé. Les physiologistes purs cherchent les causes contemporaines ou, comme ils disent, les conditions des phénomènes dont ils font l'étude, et, puisqu'il faut bien tout de même qu'elles soient antérieures à l'effet, ils les situent dans un bref passé. Les résultats qu'ils obtiennent sont pour toutes les sciences biologiques des données de premier ordre. Et, de même que les physiologistes sont arrivés à établir des déterminismes précis dans l'être vivant et agissant à l'état adulte, en s'appuyant sur la physique et la chimie, de même il faut avant toute chose s'appuyer rigoureusement sur les données de la physiologie pour comprendre les modifications de la forme, qui sont en dépendance étroite avec le travail effectué dans le fonctionnement.

Mais on doit aussi penser que la morphogénie porte la trace de nombreuses actions accomplies dans un lointain passé et que nous ne pourrons jamais les revoir. Si pourtant rien ne se perd ni en matière ni en énergie et que tout dure en se transformant, il importe d'avoir un moyen de reconstituer ces événements antérieurs, qui sont facteurs pour leur part dans les fonctions complexes que nous nommons les causes des événements actuels, et dont nous devrions dire seulement qu'elles rentrent à leur tour comme facteurs dans les fonctions que nous nommons effets. Ignorants comme nous le sommes de ces fonctions, il faut pouvoir, avec les conclusions de la méthode expérimentale, induire, sans appliquer expressément celle-ci, le pourquoi du comment. Donc, pour retrouver la part qui revient au passé dans la causalité, on s'attachera à combiner les données de la morphologie cinématique et de la physiologie dynamique actuelle.

Les interprétations dynamiques qui ont été proposées pour expliquer la diversité des formes vivantes et des processus par lesquels elles se réalisent se rangent en deux types principaux : celles qui n'interrogent sur la causalité que les événements présents, telles sont les théories de Geoffroy Saint-Hilaire ou d'Yves Delage, et celles qui la recherchent dans des phénomènes identiques à ceux qui se passent aujourd'hui sous nos yeux, mais placés au point de vue de leur action soit dans le temps actuel, soit dans le passé, les théories de Darwin ou de Lamarck peuvent en servir d'exemples.

CHAPITRE II

Histoire expliquée de la Terre.

Sommaire. — La stratification et le dépôt dans les eaux. — Origine solaire de la Terre. — Neptuniens et Plutoniens. — Comparaison des effets anciens et de ceux que produisent les causes actuelles.

Pour commencer nous traiterons encore à part les efforts faits afin d'expliquer dynamiquement l'histoire générale de la terre. Celle-ci, en effet, liée d'une part aux sciences naturelles par les débris vivants dont elle fait l'étude, se rattache très intimement aussi aux sciences physiques et à l'astronomie.

Dans la seconde moitié du XVIIe siècle, on essaya d'adjoindre à l'action du déluge quelques causes physiques moins particulières pour tâcher d'expliquer les effets de la grande inondation. Woodward, après s'être assuré qu'en Angleterre et dans les autres pays la terre est en grande partie formée de strates fossilifères, admet que le déluge a dissous toutes les roches, les a délayées et brassées, puis que toutes en même temps se sont déposées quand le calme revint, avec une vitesse fonction de leur pesanteur : les plus lourdes d'abord et au fond, de plus légères par-dessus et ainsi de suite. C'est un exemple des constructions que l'on peut coordonner avec les notions de cause et d'effet sans tenir un compte suffisant du temps.

L'anatomiste Sténon s'est montré beaucoup meilleur dynamiste et, bien que cardinal, mieux dégagé de l'idée préconçue d'un seul déluge universel. Dans un mémoire publié à Florence en 1669, il établit les principes suivants : 1° quand un corps solide est enveloppé par un autre, l'enveloppé est le plus ancien, donc le fossile est plus vieux que la roche; 2° les terrains stratifiés, étant tout à fait analogues aux dépôts laissés par les eaux troubles, ont la même origine; 3° les coquilles fossiles et les restes de plantes peuvent servir à distinguer des dépôts marins et des dépôts d'eau douce; 4° les couches stratifiées ont été, à leur origine, horizontales et si, sur les flancs des montagnes, on les voit suivre l'inclinaison de ceux-ci, il faut conclure à un soulèvement postérieur au dépôt, soulèvement ayant eu pour contrepartie des affaissements en d'autres lieux et des fractures. Ces considérations excellentes ont été la véritable base de la géologie et même aujourd'hui on y peut ajouter quelque chose, mais on n'en retranche rien.

La question d'origine pour la terre en tant que planète fut soulevée la première fois par Leibniz, appliquant le système de Copernic pour trouver à l'existence de notre globe, en dehors de lui-même, une cause qui fût un cas particulier de phénomènes plus généraux. Il exposa en 1693 que la terre a d'abord été un astre vif comme est encore le soleil et qu'il s'est dans la suite éteint. L'idée était d'ailleurs empruntée à Descartes, lequel avait déjà pensé que le feu central, conservé de cette origine, était par son action sur la surface solidifiée la cause des principales inégalités de celle-ci. Leibniz en voit une preuve dans l'abondance des roches à l'aspect vitreux. Les eaux, projetées à l'état de vapeurs atmosphériques, se sont ensuite condensées, et, délayant la couche cristalline, elles l'ont remaniée, retenant en solution ce qui pouvait se dissoudre et ce qu'elles en conservent encore est l'explication de la salure des mers. Les eaux remplirent les creux, puis les craquements et les soulèvements les déplacèrent et leur firent abandonner en divers lieux les restes des vivants qu'elles contenaient. Cette théorie déjà intéressante s'appuie, contre l'opinion contemporaine générale, sur ce que les fossiles ne sont pas des jeux de la nature.

L'origine ignée admise pour la première fois fu conservée par certains des géologues ultérieurs qui en prirent le nom de plutoniens; d'autres, les neptu niens, ne voyaient rien avant l'eau qui était pour eux l'élément premier et dans les propriétés duquel résidaient toutes les causes. Un des plus exclusifs partisans de cette interprétation fut Frédéric Guillaume Gleichen Russwurm. Né à Beyrouth d'une famille allemande en 1717 et mort en 1783, il est connu d'autre part pour ses observations micrographiques sur les organes générateurs des plantes et sur les infusoires. Pour lui, l'origine de toutes choses, aussi bien des vivants que de tous les objets solides indistinctement et de la terre elle-même, est l'eau. Il existait d'abord un globe aqueux à la surface duquel les rayons solaires organisèrent des infusoires. Après leur mort, la substance de ces animaux produisit la terre élémentaire, le fin limon, qui permit à des animaux plus complexes de s'organiser. Les substances solides se trouvèrent refoulées et agglomérées à la surface par la rotation de la terre, la masse flottante fermenta, ce qui fut l'origine de la chaleur. Les animaux marins continuent à l'heure actuelle de solidifier l'eau; il arrivera un moment où il n'y aura plus une goutte de ce liquide et ce sera alors la fin du monde par fusion ignée. Cette thèse est surtout curieuse parce qu'elle place l'origine première dans la vie et pense expliquer par elle le monde minéral et physique, ce qui n'a plus à l'heure actuelle qu'un intérêt paradoxal.

Buffon, bien qu'il crût encore les fossiles identiques aux espèces actuelles, fut poussé par son génie dynamique à chercher aux apparences de la croûte terrestre une explication en dehors de leurs qualités mêmes. En ses écrits on voit poindre déjà la théorie dite des phénomènes actuels, à laquelle Lyell a mis la dernière main. La surface de la terre a été longtemps un fond de mer « dans laquelle, dit-il, tout se passait comme tout se passe actuellement dans la mer « d'aujourd'hui ». Il ne croit pas à un seul déluge momentané « puisqu'on trouve en plusieurs endroits « des bancs de coquilles si prodigieux et si étendus « qu'il n'est pas possible qu'une aussi grande multitude d'animaux ait été tout à la fois vivante « en même temps. » C'est lui qui fonda vraiment la géologie en distinguant dans la vie de la terre des époques séparées non par des révolutions mais par le seul fait d'évolution et de refroidissement progressif.

De l'écrasement polaire et de la chaleur centrale persistante, Buffon conclut à la liquidité primitive de notre planète et à sa liquéfaction par fusion, vu la trop faible quantité d'eau pour tout dissoudre et l'insolubilité ordinaire des minéraux actuels. Il distingue les uns des autres plusieurs stades successifs :

1° La terre a été détachée du soleil par le choc d'une comète, et ceci est peut-être une précision fâcheuse ; puis, par la rotation, elle prit une forme sphéroïdale ; le refroidissement y produisit une croûte superficielle tandis que l'intérieur demeurait liquide et que des gaz chargés de vapeur d'eau lui faisaient une atmosphère ;

2° Le premier refroidissement de la masse en fusion produisit les roches d'aspect vitreux et cristallin ; à mesure que se figeait l'écorce apparaissaient des rides, des creux et des bosses, origine première des montagnes et des vallées. Puis les vapeurs atmosphériques, moins chauffées par la masse en fusion dont les séparait l'écran cortical, se précipitèrent sous forme liquide, désagrégèrent les roches déjà formées et produisirent le dépôt des grès, des calcaires, des argiles ;

3° La mer, montant de 9 à 12 000 pieds plus haut que maintenant, abandonna sur le sol en formation les débris des animaux qui avaient pris naissance dans son sein ;

4° Cependant, par des craquelures dans l'écorce, une partie des eaux fuyait dans la profondeur pour être prise dans des combinaisons diverses ou volatilisée et, par cette diminution, se réalisait une baisse qui faisait émerger des parties nouvelles. Les végétaux envahirent ces territoires, puis, pourrissant sur place, entraînés par les eaux courantes au fond des golfes, produisirent çà et là des amas de détritus ou de terreau que nous retrouvons aujourd'hui sous forme de charbon. « Nom assez impropre, parce « qu'il paraît supposer que cette matière végétale a « été attaquée et cuite par le feu, tandis qu'elle n'a « subi qu'un plus ou moins grand degré de décom- « position par l'humidité. » C'est la première fois que l'on voit émettre l'idée d'une formation aqueuse pour la houille supposée jusque-là ignée ;

5° On vit alors à la surface du globe les grands pachydermes : éléphants, rhinocéros, hippopotames, qui s'étendaient vers le septentrion beaucoup plus loin que maintenant ;

6° L'ancien continent et l'Amérique furent séparés l'un de l'autre ; l'identité d'un grand nombre de leurs mammifères fait penser que d'abord ils étaient réunis ;

7° Enfin l'homme apparut apportant par son indus

trie, ses cultures et ses élevages de grandes modifications à la surface de la terre dans les faunes et dans les flores.

Après Buffon, de gandes querelles s'élevèrent entre plutoniens et neptuniens, les premiers voulant tout expliquer par l'action du feu central enfermé sous la croûte, les seconds, par l'action des eaux sur les substances à peine refroidies. Mais nous ne pouvons entrer dans ces disputes techniques, apaisées maintenant par la fusion des deux doctrines dans les théories modernes.

Cependant Cuvier interprétait les modifications du globe par des cataclysmes, événements particuliers que nous ne pouvons ni revoir, ni étudier. La théorie des causes actuelles opposée à la sienne fait intervenir l'action de phénomènes généraux toujours visibles et tâche de comprendre les anciens par ceux d'aujourd'hui qui manifestement sont explicables sinon expliqués par les lois de la physique ordinaire. A côté de Buffon et à sa suite, nous trouvons dans cette voie Guettard, dont les essais montrent l'importance du nivellement par les eaux et qui découvre en 1756 l'existence de volcans éteints en Auvergne, ce qui établit l'analogie entre ce que nous connaissons aujourd'hui et ce qui a été autrefois. Un peu plus tard, Desmarets confirma les travaux de Guettard sur la réunion de l'Angleterre et de la France, où l'on rencontre face à face les mêmes couches géologiques et que peuplent aujourd'hui les mêmes animaux dont l'homme n'a certainement pas assuré le transport, tels que les crapauds, les serpents et bien d'autres. De 1765 à 1777, il vérifia la présence des volcans en Auvergne, en y ajoutant, par l'étude des laves et des scories produites, la notion d'âges successifs pour les diverses manifestations de leur activité.

Dans le même temps, Christian Fuchsel, géologue de Thuringe, concevait les changements survenus sur la terre comme réguliers et semblables à ceux des jours actuels; les sédiments formés par de lents dépôts dans les mers furent d'abord horizontaux; leur relèvement est ultérieur et produit sans doute par quelques troubles analogues à ceux que nous connaissons encore, tels que tremblements de terre ou oscillations du sol.

Un progrès considérable par la précision des données introduites fut réalisé par Hutton d'Edimbourg, né en 1726. Sa théorie fut publiée sous une forme un peu complète deux ans seulement avant sa mort (1) et dix ans après qu'une lecture en avait été faite à la Société royale d'Edimbourg. Son ami Playfair, mathématicien et philosophe, en donna un exposé résumé et lucide (2) qui est devenu classique à la place de l'original prolixe et un peu confus. L'idée dominante de son œuvre est que le présent est la clef pour déchiffrer le passé (3).

Beaucoup de roches formant les différents strates ont le caractère commun, malgré leurs différences, d'être constituées par des fragments ou des détritus de roches plus anciennes qu'elles-mêmes. Le soulèvement des montagnes, le redressement, la dislocation, le plissement des strates sont dus aux actions de la masse centrale fondue, actions dont les volcans sont comme les soupapes ordinaires. Les roches en fusion se sont épanchées à diverses époques à travers la croûte déjà solidifiée et se retrouvent sous forme de granites ou de porphyres en veines injectées.

Lyell n'a pas apporté à la science de faits nouveaux comme Sedgwick ou Murchison; mais, reprenant les idées d'Hutton, il les présenta, les précisa et les documenta de tous les faits connus de son temps

1. *Theorie of the Earth*, 1795.
2. *Illustration of the Huttonian theorie of the Earth*, 1802.
3. Sir Archibald Geickie : *The founders of geology*, 1897.

et, depuis son ouvrage *Principles of geology* paru en 1831, il passe pour le créateur de la théorie des phénomènes actuels. De fait, ce fut lui qui, par son insistance, la fit pénétrer dans le public. Il eut, de plus, la bonne fortune de lui faire partager la faveur qui s'attacha, par les premières publications de Darwin, au transformisme renaissant et de joindre l'idée d'évolution à celle des changements paléontologiques.

Depuis lors, cette théorie dirige les travaux de tous les géologues mais, bien qu'en la retenant dans son ensemble, ils la modifient et la précisent par les recherches entreprises pour faire l'histoire détaillée de chaque région et des événements locaux qui ont donné à chacune un facies spécial. Les travaux de Suess, savant autrichien, sont à l'heure actuelle ceux où l'on trouve coordonnés le plus grand nombre de faits particuliers sous des lois générales présentées avec originalité et avec éclat. Moins que Lyell il croit à de lentes oscillations du sol très étendues en surface, mais admet plutôt des séries de plissements et d'effondrements restreints qui modifient la configuration des rivages et la répartition des mers en chaque endroit. C'est, avec une technique bien plus informée, une sorte de retour aux idées de Pallas.

CHAPITRE III

Actions du milieu sur la forme des vivants.

Sommaire. — La méthode expérimentale. — L'action du milieu extérieur peut modifier la forme. — L'osmose. — Structure des organes végétaux déterminée par le milieu. — Les faunes côtières, abyssales, pélagiques. — La fixation. — Le parasitisme. — Réactions du parasite. — Réactions de l'hôte. — La germination des orchidées. — Les tubercules de pomme de terre.

Les recherches relatives à la causalité ont, comme nous l'avons dit, pour premiers fondements la non distinction entre les phénomènes et la croyance qu'ils sont intimement reliés les uns aux autres et qu'ils forment un seul ensemble continu dans l'espace et le temps.

La vérité absolue ne saurait être mieux exprimée qu'en disant : tout tient à tout et nul événement n'est sans retentissement sur le reste du monde. Mais l'intelligence humaine n'est point capable d'embrasser d'un seul coup un pareil enchevêtrement de rapports; aussi, de parti pris et d'un accord unanime, sans même qu'il y ait consultation préalable, a-t-on coutume pour la recherche des causes, de laisser de côté un grand nombre, si ce n'est le plus grand nombre des événements.

Si l'on remarque bien, en effet, pour fixer les idées par un exemple, que les phénomènes saisonniers sont de quelque importance pour les manifestations vitales, qui donc s'inquiète jamais du sens dans lequel se fait la rotation de la terre ? Et qui pourrait cependant prétendre que cela est indifférent, ou que les faits connus de nous ne seraient pas entièrement changés si notre planète tournait en sens inverse ou avec une autre vitesse ?

Il ne saurait donc être question d'établir les lois de la continuité absolue ; il faut se borner à tracer quelques sentiers dans la forêt, mais n'oublier jamais combien les profondeurs inexplorées recèlent d'inattendu et d'incompris. La méthode qui a permis de défricher les quelques traces dont nous venons de parler est la méthode expérimentale. Ses résultats emplissent d'un immense orgueil l'âme des techniciens, bien que sa colossale insuffisance nous ait surtout frappés à la première réflexion. Il ne faut pas, du reste, que notre mécontentement soit un prétexte à quelque lâche renoncement, mais, au contraire, une excitation à de nouveaux efforts ; et nous devons, en attendant, porter à la méthode expérimentale la vénération modérée qui convient à notre meilleur instrument logique et l'utiliser, s'il se peut, pour arracher quelques lambeaux de vérité au mystère du monde.

La méthode expérimentale repose essentiellement sur un mode spécial de la comparaison. Ce travail de notre esprit s'accomplit en statique par le simple examen des ressemblances et des différences et par le jugement que nous portons sur leur importance relative. En cinématique, on peut dire la comparaison sérielle, puisqu'elle s'attache à établir entre les objets vivants des fonctions continues. La comparaison dont on use en dynamique est bisérielle, en ce sens qu'elle met en regard deux séries d'événements, à l'effet de rechercher les relations causales immédiatement accessibles. Sans nous étendre davantage sur ce sujet, que nous avons traité autre part (1), faisons toutefois remarquer que le principal effort de l'expérience en biologie tend à établir des rapports entre les phénomènes vitaux et ceux dont est le siège la matière inorganisée.

Les idées générales de cet ordre, exprimées déjà ainsi que nous l'avons dit par lés philosophes grecs, furent reprises plus tard. Ce fut d'abord une exploration vague marquée par les efforts de Paracelse. Il se nommait Théophraste Bombast de Hohenheim et naquit en 1493 dans le canton de Schwitz. Il devint professeur de médecine à Bâle, en 1527, mais dut plus tard abandonner sa chaire et mourut dans la misère en 1541. Ayant rejeté l'autorité d'Hippocrate, de Galien et d'Avicenne, il oppose aux quatre éléments d'Aristote les trois principes de ce qu'il appelle les mixtes : sel, soufre et mercure. Il croit reconnaître une harmonie mystérieuse entre le sel, le corps humain et la terre, entre le mercure, l'âme et l'eau, entre le soufre, l'esprit et l'air. Quoique ses conceptions soient empruntées au mysticisme alchimique de son temps, il recherche une correspondance entre les phénomènes vitaux et ceux de la matière étudiée chimiquement si imparfaitement que ce fût. On ne peut pas dire qu'il ait établi une causalité quelconque, mais il a reconnu des rapports et fait des rapprochements. Si vagues et si mal fondés soient-ils, ils marquent un pas, indécis sans doute et mal assuré, mais enfin qui est dans la direction dynamique.

Van Helmont (1577-1644) fut le premier à penser que les vivants et d'abord les plantes opèrent chimiquement et que leur vie n'est pas autre chose qu'un ensemble de réactions comparables à celles du laboratoire. Il chercha à démontrer expérimentalement que les végétaux construisent leur substance

1. *La forme et la vie*, p. 639.

uniquement d'air et d'eau. Pour l'homme, il demeurait encore influencé par les idées contemporaines qui l'écartaient de la nature, et il distinguait en lui deux principes immatériels spéciaux : l'archée, principe vital qui pénètre le corps entier, qui exécute les fonctions de nutrition et combat les maladies ; puis le duumvirat ou âme proprement dite, principe intelligent qui siège dans l'estomac et dans la rate et non dans le cerveau.

Nous voyons arriver avec Buffon des idées à la fois plus précises et plus justes, attribuant une efficacité pour modifier les êtres aux actions du milieu et spécialement à l'aliment : « La qualité, la quantité de « la chair varient suivant les différentes nourritures. « Cette matière organique, que l'animal assimile à « son corps par la nutrition, n'est pas absolument « indifférente à recevoir telle ou telle modification ; « elle retient quelques caractères de l'empreinte de « son premier état, et agit, par sa propre forme, sur « celle du corps organisé qu'elle nourrit..... L'on peut « donc présumer que des animaux auxquels on ne « donnerait jamais que la même espèce de nourri- « ture prendraient en assez peu de temps une tein- « ture des qualités de cette nourriture. Ce ne serait « plus la nourriture qui s'assimilerait en entier à la « forme de l'animal, mais l'animal qui s'assimilerait « en partie à la forme de la nourriture. » Et ce dernier point de vue nous paraît singulièrement plus large que ceux mêmes des physiologistes les plus modernes, lesquels, avec leur assimilation fonctionnelle ou non fonctionnelle, regardent toujours la non vie du côté du vivant.

Cependant les études de cet ordre gagnaient peu à peu en précision. En 1733, le jésuite Nicolas Sarrabat démontra pour la première fois que la sève monte dans les plantes par les vaisseaux du bois, et ce fut le prélude des travaux que devait accomplir Dutrochet.

Botaniste éminent, auteur de nombreuses recherches réunies en 1837 sous le titre de : *Mémoires pour servir à l'histoire anatomique et physiologique des végétaux et des animaux*, il a condensé sa doctrine dans les lignes suivantes : « Les êtres vivants doivent être « considérés comme des laboratoires dans lesquels la « nature opère des phénomènes et confectionne des « substances qui ne peuvent avoir de durée que « sous l'influence des causes particulières qui ont « présidé à leur production. La vie se compose de « phénomènes chimiques et physiques spéciaux qui « doivent se rattacher à la physique et à la chimie « générale. Il faut donc chercher à découvrir quels « sont les phénomènes spéciaux de la physique et de « la chimie auxquels le mouvement vital doit son « existence. Je pense avoir fait le premier pas dans « cette voie par la découverte de l'endosmose. » Cette découverte, en effet, relative au passage des liquides à travers les membranes, fut, en 1828, le premier pas et un pas considérable ; il n'y a guère dans la suite que celle des diastases, puis des toxines, qui peuvent lui être comparées comme importance. Elles forment ensemble les trois assises fondamentales de nos conceptions actuelles sur les phénomènes vitaux.

Nous ne pouvons suivre toutes les études qui préparèrent l'édification de la physiologie ; nous retiendrons seulement celles qui ont mis en évidence des actions capables d'un retentissement certain sur la forme. Déjà William Edwards nous intéresse à ce point de vue avec les expériences qu'il institua dès 1820 et réunit en un mémoire intitulé : *De l'influence des agents physiques sur les animaux vertébrés.* Il y établit notamment que la grenouille adulte ne trouve dans l'eau assez d'air pour sa respiration par la peau qu'au-dessous de 10°. Au-dessus de cette température, elle doit y ajouter de l'air puisé dans l'atmosphère. On peut voir dans le surcroît d'activité que la température apporte, plus encore dans l'eau peu profonde du bord que dans celle du large, et dans les nécessités d'une respiration agrandie le mécanisme qui a poussé sur la terre les êtres des rivages. Pour les têtards, l'air de l'eau leur suffit jusqu'à 23°. D'autre part, en les obligeant à respirer seulement par leurs branchies, il suffit pour cela de les maintenir au fond de l'eau, on retarde et même on empêche leur métamorphose. Les changements de forme qui semblent les mieux réglés sont de la sorte accessibles à des modifications dues aux agents extérieurs.

Depuis lors, on a mille fois démontré que les qualités du milieu extérieur sont susceptibles de modifier profondément, quand elles varient, les êtres vivants qui s'y trouvent placés. Pour les végétaux inférieurs, bactéries et champignons, l'action du milieu est manifeste et les conditions dans lesquelles sont faites les cultures amènent des changements de propriétés si caractérisés que c'est le fondement même des grandes méthodes de la vaccination et de la sérothérapie. Et non seulement les manifestations vitales des êtres sont modifiées, mais encore leurs formes. Nous ne pouvons insister sur les multiples transformations de cette sorte, ce qui serait beaucoup trop technique ; indiquons seulement qu'elles dépendent de toutes les conditions extérieures, chimiques aussi bien que physiques, et même mécaniques telles que le repos ou l'agitation des cultures, comme l'ont montré les études de J. Ray en 1897.

Les végétaux supérieurs subissent également de très profondes modifications dans leur forme et dans leur structure, quand viennent à changer les circonstances de leur habitat. C'est ainsi qu'en 1883, J. Costantin a prouvé que les différences de structure entre les tiges aériennes et les tiges souterraines tiennent à l'enfouissement de celles-ci et que les caractères acquis de cette façon tendent vers ceux que possèdent ordinairement les racines. Le même auteur a reconnu, en 1885, l'influence du milieu sur la racine elle-même et, en 1886, l'effet de l'immersion prolongée sur les feuilles qui amène dans la structure des qualités comparables à celles que présentent les feuilles des plantes toujours aquatiques. D'autres résultats ont été par la suite atteints et P. Lesage, en 1890, analysant l'action de l'arrosage avec des solutions salées, a fait comprendre par ses recherches la structure si particulière des plantes accoutumées à vivre sur les bords de la mer. Gaston Bonnier est parvenu à reproduire tous les caractères extérieurs et profonds des plantes alpestres en soumettant, à son laboratoire de Fontainebleau, des plantes recueillies dans la forêt à l'alternance du réchauffement par le soleil et du refroidissement nocturne dans une caisse à glace.

Ces actions si nettes pour les végétaux sont moins faciles à reproduire expérimentalement et rapidement sur les animaux; l'on possède tout de même quelques données de cette nature sur lesquelles du reste nous aurons à revenir. Mais, rien qu'en considérant l'ensemble d'une faune placée dans des conditions que l'on peut définir, on remarque chez tous les animaux qui la composent des caractères communs manifestement en rapport avec les conditions communes de leur vie. C'est ainsi que l'on distingue des faunes côtières dont tous les animaux, poissons, mollusques, crustacés, etc., également soumis au brutal ressac des vagues qui viennent battre le bord, sont munis de coquilles ou d'écailles épaisses, sont capables d'adhérer si fortement aux supports qu'ils rencontrent qu'on ne les en peut détacher sans effort. Dans les eaux du large au contraire, où la vague plus longue est aussi moins violente, les nageurs ou les flotteurs de haute mer sont des animaux sveltes, légers, mous, souvent transparents. La faune abyssale a d'autres caractères qui lui sont propres; et, par ces considérations, l'esprit se familiarise avec l'idée que des circonstances extérieures communes ont amené peu à peu sur des formes animales diverses des caractères communs qui les font se ressembler entre elles, nivelant en quelque sorte les qualités profondes qu'une analyse minutieuse permet de discerner.

D'autres conditions plus précises laissent mieux catégoriser encore les effets qui leur sont subordonnés. Tous les animaux fixés, quelle que soit la classe ou même l'embranchement zoologique auquel ils appartiennent, acquièrent une allure commune, des ressemblances frappantes, dont la plus générale est le développement d'appendices : palpes, cirres, tentacules, bras, disposés en couronne autour de la bouche; les organes locomoteurs s'atrophient ou disparaissent ainsi que les organes des sens, et le système nerveux se réduit extrêmement. La plupart de ces animaux croissent en bourgeonnant à la façon des plantes dont ils partagent l'immobilité.

Les parasites aussi, suivant les degrés divers de leur genre de vie si spécial, acquièrent des caractères communs d'autant plus accusés que le parasitisme est plus profond : caractères qui font se ressembler d'une façon prodigieuse les plus déformés de ces êtres et qui rendraient entre eux toute distinction impossible, s'ils ne se séparaient encore par les étapes de leur vie embryologique libre quand elle précède le parasitisme. Pour ceux qui n'ont aucune époque de vie libre et non parasitaire on est incapable de leur assigner avec quelque certitude une place assurée dans les classifications de la zoologie.

De ces faits innombrables ressort avec évidence, alors même qu'une plus grande précision est souhaitable et pourra par une technique plus avancée être acquise, que la forme des animaux est en rapport étroit avec leur ambiance, avec les attitudes qu'ils sont forcés d'y prendre, avec la nutrition ou les intoxications qu'ils en reçoivent.

Si, comme nous venons de le dire, les parasites éprouvent des modifications profondes, les hôtes parasités sont également transformés de façons variées. C'est parfois une transformation passagère analogue à celle qui constitue les divers états maladifs et qui n'est point tout de même sans retentissement sur le poids, ou, en se prolongeant, sur la taille ou même sur la forme qu'elle change de façon légère ou accentuée. Les phénomènes que Giard a décrits, de 1869 à 1889, sous le nom de castration parasitaire nous apprennent en effet que, sous l'influence du parasite qu'il porte, un animal peut perdre sa fécondité et présenter alors des caractères qui le rapprochent du sexe opposé.

D'autres modifications sont moins accidentelles ou, si l'on veut, plus normales, en ce sens qu'elles surviennent sur tous les individus d'une race, d'une espèce, d'un ordre entier et forment comme un de leurs caractères les plus constants, l'un de ceux même que l'on invoque pour les classifications. Tout le monde connaît les gales ou cécidies que produisent des insectes, des champignons ou des parasites quelconques sur les feuilles, sur les tiges, sur les racines ou sur les fleurs des plantes. Ces productions gardent bien encore leur caractère accidentel par le fait qu'elles n'atteignent qu'un petit nombre d'individus infestés dans une espèce donnée et leur faible fréquence est la raison objective qui leur vaut le nom de maladie.

L'action du parasite sur l'être qui le porte peut être très importante et tout récemment (mars 1903) Molliard a montré que des champignons ascomycètes du genre Ascobolus, cultivés à partir de la spore et donnant d'ordinaire avec de rares fructifications leur mycelium seulement, c'est-à-dire un appareil analogue à la mousse des moisissures banalement connue, se mettent à produire en abondance des fructifications quand on les infeste par une certaine bactérie. Est-ce ce mode-là ou un autre qui dans la nature détermine la rareté ou la fréquence des fructifications? Nous ne le savons pas encore; mais nous savons que des familles entières comme les légumineuses sont régulièrement infestées par des bactéries qui produisent sur leurs racines de petites nodosités, sous l'influence desquelles la plante fixe beaucoup plus énergiquement l'azote. C'est une infestation à la fois générale ou normale et bienfaisante.

En 1902, Noël Bernard a montré que les tubercules de certaines plantes et notamment ceux de la pomme de terre, si intéressants pour nous, sont aussi le résultat d'une réaction de la plante à un champignon du genre fusarium. C'est pour cela que, lorsqu'on importa la culture de la pomme de terre en Europe, les plantes semées par graines dans le sol vierge de leurs champignons ne produisaient point de tubercules et c'est ainsi que la pratique s'est établie et traditionnellement conservée de propager les pommes de terre à l'aide de fragments du tubercule qui porte avec lui l'infection. Voilà donc un caractère de forme qui, s'il n'était aussi général, serait appelé une maladie et qui d'ailleurs n'est pas indispensable à l'espèce. Un plant de pomme de terre peut très bien croître et ne point donner de tubercules; et j'en ai fait moi-même autrefois la décevante expérience dans les plaines de la Susiane. Dans d'autres familles, comme celle des orchidées, l'infestation parasitaire, d'abord accidentelle, puis fréquente, est devenue à ce point nécessaire que pas une graine d'orchidée ne germe si l'on n'infeste au préalable le sol par le fusarium dont elle a besoin. C'est une généralisation imprévue, et qui sans doute s'étendra beaucoup, de l'alliage étroit pour former les lichens d'une algue avec un champignon tout à fait incapable de vivre sans celle-là. Ceci nous montre de quelle façon complexe doit être envisagé le milieu par rapport à un être donné et quelle fonction compliquée et diverse est la causalité biologique qu'il s'agit d'établir pas à pas.

De tout ce qui précède il convient de conclure que, pour quelques qualités et dans quelques cas, les raisons de la forme peuvent être trouvées dans le milieu. En résulte-t-il qu'il en doive être ainsi pour toutes les qualités et dans tous les cas? Les multiples combinaisons de tissus et d'organes qui édifient les formes animales ont-elles été déterminées par des actions étrangères aux vivants eux-mêmes, ceux-ci n'ayant fait que de les subir et d'y réagir?

CHAPITRE IV

L'animé et l'inanimé. — La reproduction. L'hérédité.

Sommaire. — Nécessité de la génération spontanée. — L'impossibilité actuelle de la réaliser est la source de tous les doutes théoriques. — Histoire naturelle du feu traité comme un vivant. — L'hérédité est une catégorie de l'entendement. — Intoxications et conservation héréditaire des toxines.

Avant même que l'on puisse préciser pour chaque cas le comment et le pourquoi dans le déterminisme des formes par le milieu, une pareille conception exige tout d'abord deux postulats préliminaires, à savoir : 1° la genèse ou génération spontanée des vivants, des plus simples au moins, dans les seules conditions naturelles et aux dépens des corps inorganiques; 2° l'hérédité, c'est-à-dire la conservation des propriétés une fois acquises quand les circonstances s'y sont prêtées. L'idée de la génération spontanée est si nécessaire pour les spéculations dynamiques et si naturelle d'ailleurs qu'elle a été, dès l'antiquité, familière à l'intelligence humaine. Rien n'a pu la faire disparaître ; incessamment refoulée par les découvertes de fait sur les êtres élevés en organisation, elle était maintenue par ses partisans comme possible pour les formes les plus inférieures et les moins connues. Les difficultés que rencontra Pasteur à faire admettre ses premiers travaux avaient leur source moins dans la nouveauté de ses doctrines chimiques que dans l'échec qu'il faisait subir par ses irréfutables démonstrations de la panspermie aux hypothèses de la génération spontanée même quant aux êtres les plus inférieurs de tous.

Au reste, malgré le triomphe des idées pastoriennes et bien que tout le monde doive convenir qu'en fait nous ne connaissons pas un seul cas de génération spontanée ni dans la nature, ni dans le laboratoire, pas un dynamiste ne renonce à considérer comme possible la réalisation des conditions, inconnues aujourd'hui, qui seraient nécessaires pour la voir apparaître. Ces conditions ont-elles été réalisées une seule fois dans le passé? Existent-elles encore quelque part, en quelque lieu inexploré du monde? Pourrons-nous arriver à les reproduire nous-mêmes un jour dans nos laboratoires? Autant de questions qui doivent rester sans réponse, mais à propos desquelles on garde l'espérance invincible malgré les désillusions.

La dernière s'est produite à propos du *bathybius*, nom donné par Huxley à un être ramené du fond de l'Atlantique par les dragages du *Porcupine* en 1870. La masse amorphe, à consistance de gelée, animée de mouvements internes, semblait un rudimentaire protoplasme en train de s'organiser dans la vase abyssale. A l'analyse, il n'en resta plus que quelques sels de magnésie.

D'ailleurs, admettre sans réserve que la génération spontanée ne se réalise plus aujourd'hui n'est pas admettre qu'elle ne s'est jamais réalisée ou qu'on ne saura jamais la reproduire. Comme le fait très justement remarquer Dastre (1), n'en a-t-il pas été ainsi

1. Dastre : *La vie et la mort*, p. 205. (Bibliothèque de philosophie scientifique.)

pendant un temps infini pour le feu? on ne savai. le reproduire qu'à l'aide d'un feu préexistant, pour les aimants? ils n'étaient engendrés que par un aimant antérieur; et c'est à peine si l'on arrive à se procurer aujourd'hui des cristaux de glycérine autrement qu'en semant sur de la glycérine surfondue des cristaux descendant de ceux qui apparurent spontanément en cours de route, pendant l'hiver de 1867, dans un tonneau envoyé de Vienne à Londres.

L'impossibilité actuelle de l'organisation spontanée jointe à l'hérédité qu'elle nécessite est presque toute la caractéristique de la vie (1); et nous pourrions sans grandes difficultés traiter comme un vivant tout objet que nous ne saurions pas fabriquer nous-mêmes, par exemple le feu. Reportons-nous par la pensée à l'époque où n'existaient ni allumettes, ni aucune sorte de briquet, où l'on ne savait pas faire sortir le feu du mouvement; et supposons que nous ayons trouvé tout de même cet être dans les débris d'un vieil arbre frappé par la foudre et achevant de se consumer. L'être nouveau, tombé du ciel, présent des dieux, est bienfaisant et terrible; on aime à passer près de lui les nuits fraiches, mais il effraye les bêtes féroces moins hardies que nous.

Cet être que nous ne savons pas faire, nous allons pouvoir en parler comme d'un vivant. Tout d'abord il se meut, il peut s'échapper; si nous avions l'imprudence de le porter auprès des herbes sèches, nous le verrions bientôt s'élancer à travers la steppe, courir éperdûment, et nous-mêmes effrayés n'aurions que le temps de fuir jusque par delà la première rivière, qui seule nous garantirait. Si, quelques jours après, notre émoi calmé, nous revenons au point où le feu nous a d'abord apparu, nous ne verrons plus rien, il s'est décidément sauvé. Peut-être pourrions-nous le

1. F. Houssay. *La forme et la vie*, p. 636.

rattraper encore en courant dans la direction qu'il a prise, opposée à la rivière; peut-être en trouverons-nous quelque germe abandonné sur une vieille souche. Mais maintenant nous ne le laisserons plus s'enfuir, nous allons lui construire une demeure, une cage de terre battue entourée de pierres, que l'on nomme un foyer, et là nous aurons soin nous-mêmes, en échange de sa liberté, de pourvoir à sa vie.

Il faut d'abord lui donner à manger; pas plus que pour les animaux tout n'est bon pour cela, de la terre, des pierres, de l'herbe mouillée ne valent rien. Après divers essais, nous nous apercevrons que le bois, et surtout le bois sec, est son aliment préféré. En lui en donnant assez on le fait grandir. De plus, il faut que notre feu respire, l'air doit arriver facilement autour de lui et, si nous le mettions dans un espace clos, ou si nous le couvrions d'une peau mouillée, il étoufferait comme un mouton. Comme un animal aussi il laisse des excréments, et, dans le foyer où nous le tenons, s'accumule bientôt un énorme tas de cendres. Si nous n'y prenions garde on aurait beau rapporter de l'aliment et mettre du bois sur le feu, sa vie ne continuerait plus; il languirait d'abord intoxiqué, puis mourrait ensuite tout à fait. Il faut donc assurer son excrétion et le débarrasser de ses cendres. Ce n'est pas pour lui un caractère spécial qu'il faille lui apporter de l'aliment et le débarrasser de ses déchets; car ceci n'est vrai que du feu captif, dégradé par le parasitisme et comme un animal domestique à l'étable, aux besoins duquel il faut aussi pourvoir et dont il faut enlever le fumier. Le feu libre dans la plaine ou dans la forêt court lui-même sur son aliment qu'il capture et laisse ses cendres derrière lui.

Ainsi qu'un animal il peut donc mourir si l'on n'assure pas suffisamment son alimentation et son excrétion et, dans ce cas, il sera trop tard pour rapporter des aliments nouveaux, la vie du feu ne sera plus possible. S'il est vrai que nous ne sachions pas créer le feu, du moins nous pouvons le reproduire par sisciparité, c'est-à-dire en le coupant en deux parties et en mettant chacune dans un foyer distinct. Suffisamment nourries, elles croîtront toutes les deux et deviendront bientôt pareilles au premier feu dont elles sont issues. On peut aussi le reproduire par germe, c'est-à-dire prendre dans sa masse une petite partie convenablement choisie, particulièrement vive, bien dégagée d'excreta. En la mettant à part, en lui assurant les aliments délicats qui conviennent au jeune âge : herbes sèches, menues brindilles, nous la verrons bientôt grandir, se montrer peu à peu capable d'assimiler des aliments plus grossiers et jusqu'à des troncs d'arbres. Elle assimile en effet, puisqu'elle rend semblables à elle-même, puisqu'elle change en feu les aliments convenables que lui fournit le milieu extérieur. Elle assimile, elle excrète et l'on peut intégralement lui appliquer l'équation de Le Dantec :

$$a + Q = \lambda a + R$$

Ce qui revient à dire, avec plus de bonhomie, un peu de feu plus du bois égale beaucoup de feu plus des cendres, de la fumée et diverses substances de rebut.

Le feu qui naît, grandit, se reproduit et meurt peut aussi être malade. Nous venons de dire qu'il digère très bien le bois sec; mais si, d'aventure, nous lui apportons un morceau de bois vert, nous lui donnons une véritable indigestion dont il est tout troublé. Au lieu de la flamme qui monte avec des pétillements joyeux, nous voyons s'élever une épaisse fumée d'odeur fétide, on entend d'étranges gargouillements. Puis, peu à peu, les malaises disparaissent et le feu reprend son éclat primitif si la quantité de substance indigeste n'a pas été trop forte; car l'excès de cette mauvaise alimentation serait capable d'amener la mort. On pourrait ainsi faire un livre très documenté, et qui paraîtrait ridicule seulement à la pensée des allumettes, mais qui eut été sublime et presque religieux pour nos lointains ancêtres adorateurs du feu.

Du reste, si le feu reste pareil à lui-même, à la condition qu'on lui donne toujours la même alimentation, il peut subir de grandes variétés quand les conditions de sa vie viennent à changer. Déjà, rien qu'avec les diverses sortes de bois, on obtient des variations importantes. Un feu de chêne, de châtaignier ou de bouleau n'est pas un feu de hêtre ou de charme. Et si, au lieu de bois, nous mettons de la houille, quel feu différent n'allons-nous pas avoir? Si nous versons dessus certaines poudres, nous faisons apparaître les divers feux de Bengale, si nous y versons un mélange de charbon de soufre et de salpêtre, c'est un feu explosif. Tous ont des caractères communs qui nous feront toujours employer à leur propos le terme de feu, mais ils ont aussi des différences par quoi nous y pourrons caractériser et définir des espèces.

Par la façon dont il se manifeste, par sa physiologie, le feu ne saurait donc être distingué d'un vivant; il faudrait pour rencontrer entre eux des différences certaines examiner la structure et la composition chimique des substances. Ces deux qualités, en effet, sont uniformes chez tous les êtres vivants et en fait leur sont spéciales. Nous verrons toutefois plus tard qu'elles ne sont peut-être pas aussi nécessairement différentielles de tout autre objet qu'on le croit ordinairement.

Arrivons à ce qu'on nomme l'hérédité. On désigne par ce mot l'ensemble des phénomènes à la suite desquels un être donné est semblable aux parents dont il est issu. En statique, on y voit une propriété des végétaux ou des animaux qui fait partie de leur définition même. En cinématique, on reconnait déjà qu'il s'agit moins d'une qualité que d'un ensemble de phénomènes dont la succession se répète. Aussi bien un être que l'on considère ne ressemble pas toujours à ses parents et quand sa vie débute, quand il est d'abord un œuf, il n'y ressemble pas du tout. C'est peu à peu qu'on lui voit reproduire une série de formes que ses parents ont reproduite aussi. La ressemblance n'existe plus entre eux qu'à deux moments correspondants; elle est une fonction du temps et du même ordre que la ressemblance d'une année avec celle qui la précède et celle qui la suit, traduite par la succession des mêmes étapes saisonnières. Les poètes ont assimilé parfois le printemps à la jeunesse de l'année, et l'hiver à sa décrépitude; personne n'a songé à les considérer comme issues les unes des autres et surtout parce que l'anthropomorphisme eût exigé la naissance de l'une à la maturité de la précédente et non à son agonie. L'hérédité cinématique apparaît tout de même moins comme une qualité particulière aux vivants que comme une répétition d'états qui n'est pas sans analogies et qui n'étonnerait pas si l'on en connaissait les causes.

Dans la dynamique, qui justement veut retrouver les causes, les conditions et la continuité qui relie tous les événements entre eux, l'hérédité n'est plus qu'une catégorie de l'entendement. Nous y rangeons certains faits qui, dans la réalité concrète, ne se distinguent pas beaucoup de ceux que nous avons l'habitude de classer dans un autre compartiment et qui ne sont point d'exclusifs apanages de la vie. En approfondissant le concept et les données sur lesquels il repose, il semble vraiment que nous avons coutume de l'appliquer seulement aux êtres que nous ne savons pas faire nous-mêmes ni retirer directement de ce qui n'est pas eux, comme nous saurions par exemple extraire le fer de ses minerais plus complexes que lui, ou fabriquer par synthèse un corps organique en combinant ensemble des éléments plus simples qu'il ne l'est. Notre admiration pour l'hérédité vivante vient surtout de ce que nous ignorons la façon dont elle se réalise.

Pour revenir à l'exemple dont nous parlions tout à l'heure, à celui du feu que l'homme ne saurait point produire encore et qui devrait, comme un vivant, se reproduire par germe, il faut bien remarquer que, dans la construction d'un nouveau feu, le germe initial disparaît entièrement, détruit dès le début dans l'amas nouveau. Il n'en reste aucune trace. En est-il tout à fait de même dans l'édification d'un être vivant aux dépens de son germe? Weismann et toute une école derrière lui assurent que non, que dès les premières divisions cellulaires une partie du germe est mise de côté et ne prend plus en aucune façon part à l'ultérieure activité de l'être qui grossit autour d'elle. Il y a de la sorte continuité du plasma germinatif, passant inaltéré d'être en être, et chacun de ceux-ci n'est en réalité constitué que d'un soma résultant de la multiplication répétée d'une partie seulement du germe. C'est la continuité du plasma germinatif qui assure la transmission permanente de toutes les qualités antérieures.

L'idée de Weismann ne paraît point jusqu'ici confirmée par les faits; la doctrine opposée, qui consisterait, avec Y. Delage, à assimiler tout à fait la reproduction des vivants à celle du feu, n'est pas non plus capable peut-être de rendre un compte suffisant de tous les phénomènes. D'après cette théorie le vivant, comme le feu, répéterait rythmiquement les mêmes qualités parce qu'autour de lui seraient perpétuellement répétées les mêmes conditions et les mêmes actions. Le déterminisme serait entièrement actuel et présent. Si cela est vrai pour une part et doit entrer dans la construction de la vérité totale, il y a quelque chose de plus. Le feu varie aussi vite qu'on le veut; et si nous considérons les différentes espèces que nous en avons distinguées, on peut en quelques heures passer de l'une à l'autre par le simple changement de l'aliment. Au bout de ce temps très court il ne restera plus rien de l'espèce initiale, « si ce n'est dans les déchets ». Une petite partie de la cendre témoignera par ses qualités qu'au début de l'opération il y avait un être différent de celui qui la termine.

Pour les êtres vivants, la variabilité exprimée est d'abord beaucoup moindre et, par exemple, un changement dans l'alimentation peut amener dans l'être des transformations mais bien moins radicales que les précédentes. De plus, l'animal n'excrète jamais d'une façon suffisamment complète tous les résidus de sa vie cellulaire; et l'analogue de la poignée de cendre primordiale, qui n'était pas capable de changer la nature du feu parce qu'elle était hors de lui, reste dans le vivant.

Depuis longtemps Bouchard a réalisé en médecine un considérable progrès en montrant que beaucoup d'états morbides chroniques ont pour cause une auto-intoxication de l'organisme laquelle, dit-il, est toujours imminente. Pour notre part, nous croyons qu'elle est permanente, qu'elle est à un plus ou moindre degré l'état ordinaire de tous les animaux et qu'avec la pesanteur, plus même que celle-ci, c'est la condition qui limite la croissance des êtres, les empêche de grandir indéfiniment et finalement produit plus ou moins tôt leur décrépitude et leur mort. De cette manière les humeurs du corps contiennent, outre l'aliment digéré qui vient tous les jours et qui est une cause de variation s'il varie, un résidu de déchets qui ne s'éliminent jamais et qui est une cause de permanence. Ce résidu croissant change le chimisme de toutes les cellules, en particulier des cellules sexuelles, et, dès le début, règle la nature de leur fonctionnement rien qu'en modifiant peut-être les bases de leurs histones.

C'est l'auto-intoxication, résultat de la lenteur des combustions comparées à celles que nous examinions dans le feu, qui semble le mécanisme assurant la continuité des phénomènes. Ceux-ci, d'ailleurs, en paraissant s'accomplir dans des êtres qui se succèdent, s'accomplissent en réalité dans un seul être qui croît tout le temps et dont les fragments se détachent successivement pour durer un peu plus chacun que celui dont il sort. Si l'un des fragments d'êtres en question que l'on nomme individus vient à rencontrer un régime juste antidote de l'une des intoxications qu'il porte, c'est alors un des cas où les hérédités s'effacent; il y en a, mais dans tous les autres elles se perpétuent.

Un certain nombre d'expériences de Charrin et Gley donnent déjà un fondement objectif à cette manière de voir, conforme aussi aux vues théoriques de Le Dantec sur le rôle des substances excrétées dans la détermination de l'état adulte.

CHAPITRE V

Les théories de l'évolution sans déterminisme initial.

Sommaire. — D'Empédocle à Darwin. — Sélection artificielle et sélection naturelle. — La lutte pour la vie. — La variation accidentelle. — L'évolution discontinue. — Brusque apparition des espèces. — La discontinuité des effets n'implique pas la discontinuité des causes. — Les mutations d'Hugo de Vries.

La notion d'évolution qui a pu naître, comme nous l'avons montré, des seules concordances cinématiques reçoit une force nouvelle dès qu'on lui applique l'idée de causalité et qu'on cherche à faire comprendre par là non seulement que cette évolution existe et se traduit à nos yeux mais encore de quelle manière elle s'est réalisée. Les théories ne manquent point à cet égard ; nous retiendrons seulement celles qui sont comme des types bien caractérisés auxquels se rattachent facilement les autres, ces dernières d'ailleurs n'ayant d'originalité que pour l'interprétation spéciale de certains détails particuliers, interprétation plus intéressante en technique qu'au point de vue général auquel nous nous sommes placés. Les constructions théoriques se peuvent ranger en deux catégories essentielles : les unes considèrent comme point de départ de l'évolution ultérieure un chaos initial ou tout au moins une indétermination dont on ne se préoccupe pas, ce sont elles que nous allons examiner d'abord; les autres s'appliquent à déceler la causalité dès l'origine même des choses et nous les traiterons dans le chapitre suivant.

Le plus frappant exemple et le plus ancien de théorie évolutionniste partant de l'indéterminé originel est fourni par Empédocle qui naquit à Agrigente, vers 450 avant J.-C. D'après lui flottaient à l'origine au sein des eaux des éléments épars : têtes, bras, ailes, organes quelconques en un mot, qui, au hasard des rencontres, s'agrégeaient pour former des êtres disparates dans lesquels on retrouve les conceptions plus anciennes des sphynx, des taureaux ailés, etc... Parmi les formes qui se constituaient ainsi, les unes étaient plus harmonieuses et mieux équilibrées que les autres, plus capables de vivre avantageusement; elles ont fini par persister toutes seules, ce sont elles que nous voyons ordinairement aujourd'hui. Dans cette doctrine rien ne manque, ni l'importance du hasard, ni l'optimisme fondamental, de ce que l'on retrouvera vingt-quatre siècles plus tard sous la plume de Darwin.

Pendant toute la durée de la suprématie intellectuelle de l'Église, les idées d'évolution, que nous avons vu persister par la conservation de symboles et de fables antiques, n'avaient tout de même point une importance assez grande pour porter à la recherche des causes de cette évolution. La création biblique suffisait pour rendre compte de toutes les formes usuelles et quant aux formes monstrueuses ou aux genèses anormales, elles étaient simplement tenues pour d'inexplicables et miraculeuses curiosités. Aussi ne voyons-nous guère se renouveler les essais dans cette voie qu'avec les travaux d'Etienne Geoffroy Saint-Hilaire. Quand en 1820 il eut jeté les fondements de la tératologie et qu'il eut constitué une véritable science nouvelle en comparant et classant les monstruosités qui apparaissent dans le cours de divers développements embryonnaires, il lui sembla tenir le processus même par lequel la nature avait diversifié les formes animales. Les monstres, si différents des adultes dont ils sont issus, n'en diffèrent tout de même que pour des raisons connaissables. Les causes principales des monstruosités sont des arrêts de développement qui frappent certains organes, ou des soudures entre parties analogues. Un monstre est donc assez ordinairement un embryon partiel et un adulte partiel.

Les lourdes anomalies qui rendent la vie impossible assurément ne se perpétuent pas, mais, s'il en survient de légères, elles peuvent se transmettre et se fixer par l'hérédité. Nuisibles à la race, les modifications sont pour celle-ci une cause d'anéantissement; heureuses, elles représentent une meilleure adaptation au milieu et la race nouvelle a toute raison de se perpétuer. C'est encore le principe de la sélection posé par cet auteur en 1831 dans son mémoire sur l'influence du monde ambiant. Bien qu'il considère la respiration comme le point de départ ordinaire des modifications possibles et qu'il rapporte de la sorte celles-ci à une action définie du milieu, sa conception à cet égard est tellement vague qu'elle laisse la porte ouverte à toutes autres variations qui pourraient accidentellement survenir et créer des monstruosités. En tout cas la variation insensiblement amenée par les modifications du milieu respiratoire, ou brusquement survenue, a son point de départ ordinaire sur l'embryon plus plastique que la forme adulte. La variation est toute donnée à la naissance de l'être et sa vie ultérieure n'y changera pas grand'chose. C'est aussi le principe de la théorie que vingt-cinq ans après allait édifier Darwin.

Charles Darwin (1809-1882) a mené la vie la plus digne, tout entière consacrée à la recherche scientifique, sans aucune autre préoccupation accessoire. La mesure dans la discussion, le scrupule à amonceler les preuves et les faits, la continuité avec laquelle il ne cessa de mûrir ses pensées avant de les exposer sont des traits tout à l'honneur de son caractère et qui ressortent tant de son œuvre scientifique que de sa correspondance si intéressante à divers égards. A vingt-deux ans, il s'embarqua à bord du *Beagle* sous la conduite du capitaine Fitz Roy. Il visita successivement les îles du Cap Vert, le Brésil, Tahiti, la Patagonie, la Terre de feu, le Chili, les îles Galapagos, la Nouvelle Zélande, l'Australie, la Polynésie, Maurice, Sainte-Hélène, l'Ascension et après avoir touché Bahia revint en Angleterre. Il publia, en 1837, le récit de ce voyage puis, sauf une monographie technique des cirripèdes donnée en 1853, il n'écrivit plus rien jusqu'en 1858.

A cette époque seulement il fit paraître une note résumant les conclusions de sa doctrine, au moment où Wallace, conduit par ses études sur le mimétisme, allait publier la pareille. Les deux auteurs s'entendirent pour que leurs communications fussent insérées dans le même numéro des proceedings de la Royal Society. De 1859 à 1881 les livres de Darwin se succédèrent. Les plus essentiels sont : *l'Origine des espèces*, *la Variation des animaux et des plantes sous l'influence de la domestication*, *la Descendance de l'homme et la sélection sexuelle*, etc. Il était pleinement conscient de la différence capitale qui séparait sa théorie de celle de Lamarck, et, dans sa correspondance, il se montre à l'égard de son prédécesseur si irrévérencieux parfois qu'il semble ne l'avoir pas compris. Dans ses derniers travaux il marquait sous ce rapport une certaine évolution, accusée déjà quoique inavouée dans « l'expression des émotions » et plus encore accentuée par ce fait que, dans la deuxième édition de l'*Origine des espèces*, il accorde aux influences du milieu une faible action possible, ce qu'il n'avait pas fait dans la première. Mais ce ne sont point ces concessions légères qui importent pour juger la qualité propre de sa doctrine. Celle-ci est tout autre et n'attache au déterminisme de la variation par l'ambiance aucune importance véritable ; la variation est une donnée de l'être vivant, elle est avantageuse ou funeste dans la concurrence que se font sans trêve les êtres pour assurer leur vie ; indéterminée, elle détermine par sa combinaison avec la lutte pour la vie une sélection ou un choix qui assure la transformation des espèces.

L'action que Darwin exerça par ses écrits fut considérable et l'on peut dire qu'il a été un des promoteurs du grand mouvement accompli pendant la seconde moitié du XIXe siècle dans les sciences biologiques. Mais, pour notre exposé général des idées, une action est moins intéressante à étudier que les principes mêmes de la théorie. En tant que doctrine dynamique, celle de Darwin pèche en restreignant la recherche des causes et en isolant en quelque mesure les vivants du milieu inanimé. De plus, elle oblige à considérer comme des données inhérentes au concept d'être vivant la variation initiale et l'hérédité qui la perpétue.

Il importe beaucoup de critiquer dans le darwinisme les principes généraux eux-mêmes, car il est construit dans le détail avec tant d'art et de solidité, qu'on aurait peine à le combattre après avoir accordé les postulats qu'il réclame. Il s'appuie d'abord sur une série d'incontestables faits relatifs à la création de races animales ou végétales par les pratiques des éleveurs. Les races d'animaux domestiques : moutons, bœufs, pigeons surtout dont la reproduction rapide permet de réaliser en peu de temps les modifications que l'on recherche, sont plus distinctes entre elles que beaucoup d'espèces trouvées dans la nature et séparées dans les classifications.

Dans ce cas le processus de leur apparition est net, c'est la sélection artificielle; elle consiste pour l'éleveur à choisir dans son troupeau comme seuls reproducteurs les animaux qui présentent déjà une indication ou une tendance vers la variété désirée. Retenant ainsi de génération en génération ceux qui portent la modification maxima, il arrive à faire grandir celle-ci d'une incroyable façon. Ce sont là des faits.

La théorie consiste à les transporter dans la nature et d'abord à légitimer ce transport par un certain nombre d'autres faits. Il est bien sûr que dans la nature tous les animaux d'une même ponte ne se ressemblent pas entre eux, on peut les reconnaître; il y a des qualités individuelles, des variations légères ou accusées. D'autre part, les animaux sont en perpétuelle concurrence pour leur vie, soit qu'ils se recherchent les uns les autres comme proie ou se fuient, soit qu'ils se disputent les vivres sur un territoire trop étroit; c'est là encore un fait. D'autre part encore, il est certain que dans les périodes géologiques nombre de formes animales ou végétales ont disparu pour être remplacées par d'autres. Une première hypothèse consiste à considérer ce remplacement comme le résultat d'un choix ou d'une sélection naturelle, correspondant à la sélection artificielle que produit la volonté de l'éleveur. Une deuxième hypothèse assigne comme facteurs à ce choix la lutte pour la vie et la variation, la première ayant eu pour résultat de conserver parmi les animaux ceux-là seulement qui étaient accidentellement doués de quelque qualité avantageuse et de supprimer ceux qui portaient quelque qualité funeste. Tout d'abord, la lutte pour la vie peut-elle être la cause d'un semblable triage? De Quatrefages avait bien montré déjà que loin de faire varier une race, elle aurait plutôt pour tendance de l'uniformiser. Lacaze-Duthiers, en 1860, appelait le *struggle for life* la loi de destruction réciproque; moi-même en 1893 et Pfeffer en 1894 avons représenté que la concurrence est une cause de réduction sans triage dans le nombre des individus d'une espèce; tant que les conditions du milieu ne changent pas, l'espèce garde son équilibre en nombre et en forme et, quand les conditions varient, l'espèce est toute transformée ou disparaît toute. Si l'on veut dire encore dans ce cas qu'il y a sélection, celle-ci n'est plus qu'un effet de l'évolution et non une cause qui la dirige ou la règle.

En outre, la sélection est après tout le contraire des morts précoces; or, si ces dernières sont réglées en quantité, elles ne le sont pas en qualité. Il est même bien certain que dans la plupart des cas elles surviennent par suite de conditions extrinsèques, indépendantes des qualités de l'être, et qui ne sauraient être transmises par hérédité. Aucun être ne peut transmettre à sa descendance la qualité d'être ou de n'être pas noyé par un ras de marée, asphyxié par une éruption volcanique, écrasé par une cheminée, tamponné dans un train; peut-il seulement transmettre quelque résistance spéciale à une maladie donnée, rien n'est moins prouvé et ce serait en tous cas en même temps qu'une certaine aptitude à en contracter d'autres qui ne vaudraient pas mieux. L'arthritique a peut-être des chances d'éviter la tuberculose, mais que ne risque-t-il pas en échange?

S'il est permis de se servir des tableaux où sont consignées en quantité les morts précoces dans un but pratique comme celui que poursuivent les Compagnies d'assurances pour taxer leurs clients, il nous semble difficile d'en faire la base d'une explication scientifique. C'est pourtant à quoi se réduit le darwinisme et toutes les théories qui, partant de l'indéterminé initial, sont obligées de prendre et de traiter comme une donnée sensorielle primordiale des combinaisons de l'esprit fort abstraites, des concepts profondément symboliques comme ceux de hasard et de probabilité.

Il est enfin une dernière critique qui s'applique à la méthode darwinienne et qui est au reste à peu près du même ordre que la précédente. C'est que la variation pour donner à la sélection quelque prise doit être avantageuse ou funeste. Or, pas un critère n'existe pour juger à priori si telle qualité sera bonne ou mauvaise ; ce ne sont même point là des concepts scientifiques, car ils ne se peuvent directement traduire en grandeur ou en nombre, si ce n'est à posteriori par le nombre des animaux porteurs de la qualité considérée qui ont subsisté ou qui ont disparu. Il n'y a plus alors aucune explication, puisque la théorie revient à constater que, dans la lutte pour la vie, ont persisté seuls les animaux porteurs de qualités capables de les faire persister et qui ne sont reconnues telles que par la persistance même.

La variation sans déterminisme, accidentelle, a pour caractère principal d'apparaître brusquement et du premier coup assez grande, si la sélection doit avoir quelque prise sur elle. Les disciples de Darwin, frappés plus qu'il n'était lui-même par la nécessité de cette circonstance, en ont conçu l'évolution comme nécessairement discontinue. Ils sont plus encore que Darwin tentés d'écarter du déterminisme de la variation les conditions du milieu qui ne peuvent agir qu'en durant avec continuité. Certains même d'entre eux, comme Weismann, persuadés que le principe de variabilité est dans l'être lui-même se sont efforcés de démontrer que les variations acquises sous l'influence du milieu extérieur par un être donné ne sont point susceptibles d'être héritées par sa descendance et que, par suite, elles ne peuvent intervenir comme cause dans l'évolution

Pour d'autres, la variation est de sa nature propre discontinue. En 1894, Bateson a écrit un volume considérable (1), sorte de recueil où sont exactement notées les variations discontinues et sans tâtonnements. Variation discontinue veut dire apparaissant complète sans préparation, comme il arrive par exemple dans le cas de parents ayant cinq doigts à la main et qui produisent un rejeton avec sept doigts. En ce sens il y a évidemment des variations discontinues. Il se peut fort bien d'ailleurs qu'il n'y ait aucun rapport entre la discontinuité des espèces qui peuplent aujourd'hui la terre et la discontinuité qui survient brusquement du parent à l'enfant. Bien plus, il y a des cas où la seconde n'est qu'un reflet des causes continues qui ont déterminé la première; ce sont toutes les anomalies de réversion et d'atavisme ou, ce qui revient au même, d'arrêt de développement. Bateson est cependant poussé à étudier la variation discontinue d'une lignée pour y trouver l'explication de la discontinuité spécifique qu'il ne croit pas possible de comprendre à l'aide des théories reçues.

D'abord, il n'est pas vrai que la discontinuité des espèces actuelles ne puisse être comprise comme le résultat de l'action des milieux continus, mais nous reviendrons sur ce cas. Par suite, il n'est pas nécessaire pour expliquer la discontinuité des espèces qu'il y ait des variations discontinues. Ce n'est pas à dire que leur recherche manque d'intérêt, mais en s'attachant surtout à noter les variations brusques dont le déterminisme échappe on ne peut guère prétendre à découvrir une explication. Les faits analogues à ceux que Bateson signale sont plutôt des énigmes qu'il y a lieu d'expliquer et des problèmes qui se posent. Il y a le plus grand intérêt à les

1. *Materials for the study of variation treated with especial regard to discontinuity in the origin of species.* London, 1894.

poser, mais il ne faut attendre aucun éclaircissement du fait seul de les avoir énoncés.

Au reste, il est important d'établir une distinction profonde entre l'évolution discontinue et la variation discontinue. Évolution discontinue impliquerait à la fois la discontinuité dans la variation, dans les faits que nos sens perçoivent, en même temps que la discontinuité dans la cause de ceux-ci. Pour employer une comparaison retirée de l'action des forces sur les corps matériels, il faudrait imaginer dans ce cas les modifications apportées aux formes vivantes comme résultant de chocs au lieu d'être produites par des forces constantes.

Mais, d'autre part, la variation discontinue se conçoit aussi très bien comme la manifestation d'une cause continue ; de pareils effets ne sont pas rares et certains sont classiques. A une solution basique de tournesol bleu ajoutons goutte à goutte un acide ; l'acidité de la solution croît continuellement, mais rien n'apparaît à nos sens, quand survient un brusque virage au rouge. A partir de ce moment, la concentration de la liqueur en acide peut continuer à croître, rien ne se manifestera plus. La même cause avec une autre solution, par exemple l'alizarine sulfo-conjuguée, produit un effet moins discontinu. Cet exemple, d'ailleurs, n'est pas sans intérêt immédiat, car il sert à faire comprendre un grand nombre de changements dans la pigmentation chez les animaux ou chez les végétaux qui sont parmi les plus frappantes variations discontinues.

Dans les phénomènes naturels il semble, tout au moins, que la brusque apparition d'une discontinuité dans une série, que l'on cherche à former en étudiant la grandeur d'une qualité quelconque sur les divers individus d'une espèce, tienne à ce qu'il existe une condition dont on ne fait pas état, que l'on ignore, que même l'on ne soupçonne pas. Imaginons une région montagneuse quelconque; sa surface, telle qu'elle serait représentée sur une carte en relief, est continue quoique fort tourmentée. Promenons au hasard un crayon sur cette carte, sa pointe trace une courbe continue; mais ajoutons la condition que notre crayon reste dans des plans horizontaux, il suit alors les courbes de niveau. Elles sont continues ou discontinues suivant que nous les prenons dans les cotes basses ou dans les cotes élevées. De telle façon que la combinaison de deux données, l'une et l'autre continues, d'une part la surface en relief, de l'autre la cote progressivement croissante du plan horizontal peut donner des effets continus ou discontinus suivant le cas.

Dans la circonstance en question, les deux facteurs étant connus et très précisément formulés, il n'y a aucune difficulté à comprendre l'événement.

Supposons maintenant que, comme l'a fait Bateson, on prenne un millier d'insectes du genre forficule vivant sous les mêmes pierres, dans la même localité, et que l'on mesure une de leurs qualités, par exemple la grandeur de leurs pinces caudales. Il semblerait d'abord, d'après toutes les données de Galton, que l'on puisse avec ces mesures construire une courbe à un seul maximum et telle que la moyenne de la qualité tombe sur le plus grand nombre des individus. Il n'en est rien et l'on trouve une courbe à deux maxima, de laquelle Bateson conclut à l'apparition d'une discontinuité dans l'espèce et à sa coupure en deux.

Giard a fait remarquer que si l'on opérait de la même manière sur les crabes d'une plage, en mesurant par exemple la largeur de leur abdomen, on obtiendrait le même résultat, mais, dans ce cas, il ne serait point pour surprendre et il serait dû à l'infestation plus ou moins profonde d'un certain nombre des individus par une sacculine. Il pourrait bien y avoir quelques raisons actuelles de parasitisme ou d'autre sorte amenant sur les forficules la variation qu'a relevée Bateson.

Un botaniste hollandais, Hugo de Vries (1) a, dans ces dernières années, élevé la variation discontinue, qu'il appelle mutation, au rang de facteur primordial pour le démembrement d'une espèce donnée qui présente tout à coup une foule de variations discontinues. En semant par milliers les graines de l'« Œnothera lamarckiana » il a obtenu du premier coup un certain nombre d'individus avec des caractères permettant de les distinguer facilement de la forme primitive.

Il a déterminé de la sorte une douzaine de types différents. Certains d'entre eux étaient stériles, mais les autres donnaient des graines, et, en les semant, on obtenait tantôt un retour à l'espèce primitive, tantôt, ce qui est plus intéressant, un certain nombre de types transformés se conservant pendant plusieurs générations sans aucune réversion. Plusieurs espèces étaient donc apparues brusquement aux dépens d'une seule; de Vries dénomme de la sorte « Œnothera gigas, albida, scintillans, lata, nanella ». Sauf les individus d' « Œnothera gigas », qui sont plus robustes que ceux de l'espèce souche, tous les autres sont moins vigoureux et de plus petite taille. Molliard, qui a beaucoup étudié les déformations produites sur les plantes par des parasites divers, ne serait pas éloigné de croire qu'une infestation a bien pu jouer son rôle dans ces curieuses mutations, étant donné surtout que les individus variés sont ordinairement chétifs, que certains, comme dans « Œnothera lata », sont tous femelles par avortement du pollen, que d'autres même ont été entièrement stériles et n'ont

1. *Die Mutationstheorie*. Leipzig, 1901-1903.

pas fait souche, tous caractères qui sont au premier chef des traces d'infestation parasitaire. En outre de cette cause il en peut exister d'autres auxquelles on ne songe en aucune façon et dont la recherche est justement la solution que réclame ce curieux problème, lequel n'est point du tout une explication.

CHAPITRE VI

Les théories de l'évolution avec déterminisme originel.

Sommaire. — La variation déterminée. — De Maillet, Erasme Darwin, Buffon, Lamarck. — Idées de Lamarck sur la génération spontanée et la structure des substances vivantes. — Réactions immédiates, réactions médiates. — Le système nerveux, la sensation, le désir. — Le besoin, l'habitude et la désuétude. — Les transformations organiques qui en résultent. — L'évolution continue et physiquement causée.

Les théories de l'évolution qui se préoccupent de rechercher le déterminisme initial, c'est-à-dire les raisons qu'il y a dans le monde physique pour que le protoplasme et les formes vivantes constituées par lui aient pu s'organiser, varier et se différencier, sont incontestablement les plus pénétrantes de toutes. Mais leur fondement véritable ne peut être, même à l'heure actuelle, considéré comme absolument solide ni surtout comme suffisamment précis.

La longue investigation qui se poursuit aujourd'hui sur les propriétés physiques et chimiques des substances vivantes, pour avoir donné déjà quelques résultats, n'a point dit encore son dernier mot. Aussi, dans leur hâte de fournir une explication, les théories dont nous parlons ont-elles toujours semblé les plus aventureuses. Bien que les mieux inspirées comme conceptions, les plus logiques dans leur plan, elles ont été édifiées sur une base à peine dégrossie, à laquelle il faut retravailler sans cesse au risque de tout faire écrouler. Il est vrai qu'ensuite on pourra reconstruire avec le même plan sur des fondements définitivement affermis.

Au commencement du XVIIIe siècle nous trouvons une intéressante liaison entre les théories évolutionnistes conçues par les philosophes antiques et perpétuées à travers le moyen âge et les essais des encyclopédistes. Elle est fournie par l'ouvrage de Benoist de Maillet. Né à Saint-Mihiel en 1656, il fut consul général de France en Egypte en 1692. Il avait fait une étude approfondie de la langue arabe et des mœurs de l'Orient, et l'on ne sait comment il put rencontrer de cette façon les curieuses idées dont il se fit le propagateur dans son livre intitulé : *Telliamed* (anagramme transparent de son nom) ou *Entretiens d'un philosophe indien avec un missionnaire français* », publié à Amsterdam en 1748, dix ans après la mort de l'auteur.

Dès qu'une planète se forme, dit-il, ses eaux se peuplent de vivants qui résultent de l'agrégation de particules organiques ; puis les animaux aériens apparaissent et, seulement après, les animaux terrestres. Les uns dérivent des autres par des transformations véritables. Les modifications sont apportées par les propriétés mêmes des corps vivants qui évoluent, qui deviennent plutôt qu'ils ne sont, ou bien, si elles sont brusques, par des changements survenus dans le milieu, lesquels ont imposé aux vivants des habitudes nouvelles ; et l'on voit dans ce dernier trait poindre déjà l'idée que devaient développer Buffon et Lamarck. Pour l'homme même, dit de Maillet, il n'est pas rare de rencontrer dans l'Océan des poissons qui ne sont encore devenus des hommes qu'à moitié, mais dont la race le deviendra tout à fait un jour. Ce n'est pas sans quelque satisfaction que nous voyons associés dans le même livre le prélude des idées modernes sur l'évolution et les derniers accents des fables antiques sur les sirènes et la genèse aquatique des oiseaux.

Les idées nouvelles furent un peu plus tard représentées en Angleterre par Erasme Darwin, grand-père de Charles Darwin dont nous avons analysé l'œuvre au chapitre précédent. Dans sa *Zoonomia*, publiée de 1794 à 1796, il se montre partisan de l'épigenèse introduite par C.-F. Wolff en 1758, repousse la doctrine de l'emboîtement des germes et considère comme analogues le développement de l'embryon et l'évolution de l'espèce dans le temps. Au début, l'embryon est, dit-il, une espèce de filament informe ayant des propriétés caractéristiques qui dérivent de celles des parents dont il est détaché. Les propriétés en question, comme les affinités chimiques des divers corps, déterminent la façon dont agit l'embryon sur le milieu extérieur pour en extraire des substances qu'il s'adjoint afin de se nourrir et de croître. Mais la croissance est une complication de forme, une construction de nouveaux organes, avec lesquels apparaissent de nouvelles aptitudes, de nouveaux besoins et des habitudes nouvelles qui peuvent à leur tour influer sur les transformations que subit chaque être au cours de sa vie. Parallèlement à cela, les êtres vivants ont sans doute à l'origine apparu sous la forme de filaments aussi simples que ceux par lesquels débutent les embryons actuels. Erasme Darwin pense qu'il en faut reconnaître de trois sortes, souches respectives des vertébrés, des articulés, des vers. Leur devenir était en quelque sorte réglé par deux catégories d'événements : 1° leurs propriétés innées qui décidaient de leur action sur le monde,

2° les sensations éprouvées par l'animal à chaque étape formelle, fonctions à la fois de sa forme et de son ambiance, qui déterminaient ses efforts, ses habitudes et en somme avaient leur part dans la réalisation de ses destinées futures, c'est le côté dynamique du sujet qui devait être développé par Lamarck.

De son côté, Buffon avait un peu plus tôt des idées évolutionistes qu'il est intéressant de signaler. Les êtres vivants lui semblent constituer un seul ensemble ; il n'y a pour lui « aucune différence absolument « essentielle et générale entre les animaux et les « végétaux ; mais la nature descend par degrés et par « nuances imperceptibles d'un animal qui nous paraît « le plus parfait à celui qui l'est le moins et de celui-ci « au végétal ». D'autre part, cet ensemble n'est point à isoler du reste, car « le vivant et l'animé, au lieu « d'être un degré métaphysique des êtres, est une « propriété physique de la matière ». Buffon, d'ailleurs, est parfaitement déterministe, malgré que le détail des processus ne lui soit point connu. Si une extinction des êtres vivants survenait, la vie, à ce qu'il pense, ne disparaîtrait pas pour cela ; car les particules organiques indestructibles se prêteraient à des combinaisons nouvelles, et nous allons encore citer ses propres paroles, puisque aussi bien nous ne saurions pas mieux dire dans la même langue. « Ce rem- « placement de la nature vivante ne serait d'abord « que très incomplet ; mais, avec le temps, tous les « êtres qui n'auraient pas la puissance de se repro- « duire disparaîtraient ; tous les corps imparfaitement « organisés, toutes les espèces défectueuses s'évanoui- « raient et il ne resterait, comme il ne reste aujour- « d'hui, que les moules les plus puissants, les plus « complets, soit dans les animaux, soit dans les végé- « taux, et ces nouveaux êtres seraient en quelque « sorte semblables aux anciens, parce que la matière « brute et la matière vivante étant toujours la même,

« il en résulterait le même plan général d'organisa- « tion et les mêmes variétés dans les formes par- « ticulières. » Il y a dans cet exposé, réunie à la sélection d'Empédocle, une vue très solide de la nécessité qui a déterminé et qui déterminerait encore toutes les combinaisons de formes.

Parmi les mécanismes de la variation journalière, Buffon sait aussi reconnaître l'action permanente du milieu sur des animaux déjà hautement organisés.

« C'est, dit-il, l'action des objets sur les sens qui « fait naître le désir et c'est le désir qui produit le « mouvement progressif. » De quelque manière qu'un être soit extérieurement conformé, il ne peut manquer de se mouvoir, pourvu qu'il ait des sens et le désir de les satisfaire. Les besoins peuvent être aussi une source de désirs, mais seulement avec le concours des sens. Nous allons retrouver ces idées comme les germes de la théorie de Lamarck.

Lamarck (1) naquit le 1er août 1744 et mourut le 18 décembre 1829, à l'âge de quatre-vingt-cinq ans. Sa longue carrière ne fut pas à beaucoup près toute consacrée à la zoologie ; il avait cinquante ans quand il débuta dans ces études qui devaient rendre son nom glorieux. Onzième enfant de Pierre de Monet, issu d'une vieille famille béarnaise fixée en Picardie, le chevalier de Lamarck était destiné à l'Église ; mais, sans vocation religieuse, il prit du service dès que la mort de son père l'en laissa libre, gagna rapidement ses grades, puis fut contraint de se retirer à la suite d'une grave inflammation des ganglions du cou. Une pension de 400 livres, jointe à ses appointements de comptable chez un banquier, lui assurait une vie modeste dont les loisirs étaient absorbés par la botanique. En 1778, il publia une flore française en

1. La fin de ce chapitre est extraite d'un article que nous avons déjà publié dans la *Revue encyclopédique*, 1897.

trois volumes, fort estimée, qui lui ouvrit les portes de l'Académie des Sciences.

Durant quinze ans, c'est-à-dire jusqu'en 1793, Lamarck vécut de sa plume, publiant dans l'*Encyclopédie* de d'Alembert et Diderot quatre volumes de descriptions de plantes et son *Illustration des genres*, dont les botanistes se sont longtemps servis. Entre temps, il fréquentait la maison de Buffon, fut même précepteur du fils de celui-ci et le commerce de l'éloquent et profond zoologiste ne fut pas sans influence sur sa propre pensée. En 1793, Lakanal fit, comme on le sait, instituer le Muséum pour remplacer l'ancien Jardin du Roi. Deux chaires de zoologie furent d'abord créées. Étienne Geoffroy Saint-Hilaire, alors âgé de vingt ans seulement et qui faisait de la minéralogie chez Haüy, fut par décret chargé d'enseigner l'histoire des animaux supérieurs et le botaniste Lamarck celle des animaux inférieurs, ensemble alors hétérogène au dernier degré et presque chaotique.

Pendant sa carrière au Muséum, Lamarck publia les ouvrages suivants : *Considérations sur l'organisation des corps vivants* (1802). — *Philosophie zoologique* (1809). — *Histoire naturelle des animaux sans vertèbres* (1816-1822), sept volumes. — *Mémoire sur les coquilles fossiles des environs de Paris* (1826).

Ses œuvres synthétiques parurent les premières. Cependant, en 1809, Lamarck avait soixante-cinq ans; sa philosophie zoologique n'est donc pas une œuvre de jeunesse, ce n'est pas non plus une œuvre hâtivement édifiée, puisque depuis quinze ans, quand il la publia, il étudiait les animaux dont l'enseignement lui avait été confié.

Lamarck ne pouvait avoir sur les phénomènes vitaux que des idées à priori, puisqu'à l'époque où elles furent émises, on ignorait à peu près tout en biologie cellulaire et en embryologie et que la physique ne renseignait encore ni sur l'osmose, ni sur l'induction électrique, ni sur les rapports de celle-ci avec le magnétisme, aussi ne faut-il point s'étonner si notre auteur emploie des expressions telles que fluides subtils ou autres parfaitement comprises autour de lui et tout à fait surannées pour nous. Alors qu'universellement dans la nature, on admettait trois règnes : l'animal, le végétal et le minéral, pour isoler trois catégories d'objets également différentes entre elles, Lamarck montra que la plus intéressante antithèse était entre vivants et non vivants. Mais, pour lui, les vivants sont à part dans les objets naturels en raison de leur structure seule ; les mouvements dont ils sont animés et généralement les propriétés qu'ils manifestent sont dus à une force particulière ou à un ensemble de forces, dont la nature et la situation sont précisées par Lamarck d'une façon toute mécaniste.

La force excitatrice de la vie a son origine dans le milieu ambiant et non dans l'être vivant ; elle ne disparaît pas quand il disparaît lui-même et constitue alors une sorte de vie potentielle qui n'attend pour se signaler que de la matière à un état convenable. Les mêmes forces du milieu agissent de la même façon sur les objets non vivants, sans y manifester toutefois les mêmes effets, mais seulement parce que leur structure diffère de celle des vivants.

Qu'est donc cette structure qui à elle seule va particulariser la matière capable de manifester la vie? Quelle idée en peut-on avoir avant l'existence de la théorie cellulaire? L'état convenable que doit présenter la matière pour réagir à l'action des fluides subtils du milieu est l'hétérogénéité ; mais une hétérogénéité particulière que nous allons décrire. Des parties contenantes faites de tissu vésiculaire, c'est-à-dire creusées de vacuoles et présentant ainsi une première manière hétérogène, renferment dans leurs mailles des fluides contenables, fluides aqueux incapables de s'échapper sans ouvertures comme le pourraient faire des fluides subtils, tels que la chaleur et l'électricité. Afin de fixer les idées du lecteur par un rappel des animaux supérieurs mieux connus, l'auteur précise que, chez ceux-ci, les parties contenantes sont arrangées en organes et que les fluides contenus sont les liquides de l'organisme : sang, lymphe, etc.

Cette condition de structure est-elle suffisante? Pas tout à fait. Encore faut-il que le tissu vacuolaire soit en état d' « orgasme », c'est-à-dire dans un état que nous nommons encore le « tonus » ou le ton, ni trop mou ni trop raide, et qui lui permette de réagir par des mouvements, quand il sera parcouru par les fluides subtils du dehors entrant et sortant. Ces mouvements de réaction feront, d'ailleurs, circuler les liquides contenus.

Il est extrêmement remarquable de voir le parti qu'a su tirer Lamarck, pour expliquer les générations spontanées, de cette notion d'hétérogénéité. Il n'ajoute rien à Lucrèce, dont manifestement il s'inspire, relativement aux conditions dans lesquelles la génération spontanée peut s'effectuer. Il devient au contraire original et intéressant en esquissant la manière dont il imagine qu'elle se réalise. Toute matière inorganique mais susceptible de s'organiser doit être mucilagineuse, c'est-à-dire à l'état de fluide visqueux, suffisamment liquide pour couler, assez cohérent pour être contenant. La masse quasi-homogène ne vit point, mais l'action des fluides subtils qui y circulent laisse, comme trace de leurs mouvements, des vides ultérieurement remplis par les fluides contenables du milieu ambiant, eau, gaz, etc., et si Lamarck avait parlé de diffusion au lieu de fluides subtils, son exposé serait tout à fait bien. La substance, ayant acquis la structure vacuolaire, est susceptible de vie, susceptible de toutes les réactions que donnent sur de tels corps matériels les fluides subtils.

Nous inspirant des modernes expériences réalisées par Bütschli, si nous voulions concevoir une génération spontanée ne serait-ce pas de la façon suivante ? Un fragment de substance colloïde quelconque, albuminoïde peut-être, dont la synthèse peut se réaliser dans la nature, bien que nous en ignorions les conditions, se trouve produit. Homogène, il ne vit pas, mais, par diffusion, les liquides ambiants y pénètrent, s'y rassemblent en gouttelettes faisant vacuoles dans la première substance. La masse est rendue hétérogène, structurée, et dès lors, nous le savons par l'étude de corps plus simples auxquels il ne manque pour vivre que l'instabilité chimique, plusieurs phénomènes de la vie élémentaire peuvent apparaître.

Cette concordance des idées à priori de Lamarck avec celles que suggère une connaissance plus approfondie des phénomènes est tout à fait curieuse. Il va sans dire qu'il nous faut aujourd'hui repousser toute la partie de son système où, après avoir conclu à la nécessité des générations spontanées pour les êtres très inférieurs, il en admet aussi la possibilité pour les êtres plus compliqués tels que les vers intestinaux.

Le milieu extérieur est donc l'unique source de laquelle découlent les phénomènes vitaux. Les animaux et les plantes ne fournissent que le théâtre où en sont exhibées les manifestations, variables d'après la complication possible de la mise en scène, c'est-à-dire d'après le degré d'organisation auquel est parvenu déjà l'être considéré.

Suivant la complication de leur système nerveux, les animaux capables de comprendre et de sentir réagissent aux actions du milieu extérieur par l'intermédiaire de leurs désirs et de leurs appétits, les animaux capables seulement de sentir par l'intermédiaire de leurs appétits, les animaux inférieurs et les plantes par des réactions directes aux actions du milieu. La force qui les fait agir n'est pas en eux mais hors d'eux.

On voit de quelle manière se trouvent étendues, précisées, les idées de Buffon. Pour Lamarck, il y a deux catégories d'événements : 1° des actions immédiates du milieu, 2° des actions médiates par l'entremise du besoin, du désir et de l'habitude; et c'est à cette seconde proposition d'ailleurs que l'on réduit souvent sa doctrine.

Lamarck admet que les fluides extérieurs suivront d'autant plus facilement un trajet qu'ils l'auront déjà suivi auparavant; le fait seul qu'il a d'abord été suivi indique sa résistance minima et le fait du passage effectué laisse en outre une trace, sorte d'orientation de molécules, qui diminuera encore la résistance déjà faible et qui rendra d'autant plus aisée une nouvelle traversée de fluides. De là la tendance toute naturelle à la répétition des actes antérieurement accomplis, au penchant, à l'habitude, tendance que l'hérédité transmet et qui devient l'instinct. L'hérédité, dont l'explication et le mécanisme préoccupent aujourd'hui les biologistes, est acceptée par Lamarck comme un fait.

Donc l'action des fluides extérieurs, l'action du milieu, devait fatalement aboutir à l'habitude dans l'individu et à l'instinct dans la race et, de cette façon, changer la forme des vivants, puisqu'en outre un organe se fortifie d'autant plus qu'il agit plus, ou dépérit et régresse lorsqu'il manque d'agir. Augmentés par certains côtés et réduits en d'autres, les animaux, en raison seulement de leur vie, peuvent se modifier d'une façon profonde. Des qualités aussi essentielles pour un organisme que son mode de symétrie sont déterminées par son mouvement ou son repos; il possède dans le premier cas la symétrie binaire et la symétrie rayonnée dans le second, caractères si fondamentaux que de Blainville avait cru pouvoir les prendre pour couper le règne animal en les deux sous-règnes des artiozoaires et des actinozoaires. Dans les modifications que le monde extérieur amène sur la forme, Lamarck place la complication organique qu'il considère du reste comme connexe au perfectionnement. Il n'ignore pas non plus que la lutte pour la vie exerce sur les animaux une action considérable, mais il n'y voit qu'un facteur constant de réduction et point de modification formelle.

Par l'ensemble des actions répétées, Lamarck arrive à comprendre que « la nature n'a réellement formé ni « classes, ni ordres, ni familles, ni genres, ni espèces « constantes, mais seulement des individus qui se « succèdent les uns aux autres » et que, par suite, toutes ces distinctions sont subjectives, sont des produits de notre esprit, affirmation hardie au moment où Cuvier prétendait avec succès qu'elles désignaient des objets.

D'où vient à Lamarck cette idée que l'espèce n'est point fixe et ne peut être définie que dans un temps donné? De sa grande connaissance des formes animales et végétales. C'est en manieur d'échantillons qu'il s'exprime : « Plus nos collections s'agran-« dissent, dit-il, plus nous rencontrons de preuves « que tout est plus ou moins nuancé, que les diffé-« rences remarquables s'évanouissent et que, le plus « souvent, la nature ne laisse à notre disposition, « pour établir des distinctions, que des particularités « minutieuses et en quelque sorte puériles », et plus loin il ajoute : « Je ne veux pas dire pour cela que « les animaux qui existent forment une série très « simple et partout également nuancée, mais je dis « qu'ils forment une série rameuse irrégulièrement « graduée et qui n'a point de discontinuités dans ses « parties, ou qui du moins n'en a pas toujours eu, « s'il est vrai que, par suite de quelques espèces « perdues, il s'en trouve quelque part ».

Voilà donc manifestées avec netteté ces deux idées capitales : 1° évolution continue; 2° évolution physiquement causée. En assignant ainsi pour but aux recherches la découverte d'une cause connaissable pour les variations, Lamarck se montre tout à fait différent de Darwin et, à mon avis, supérieur, parce qu'il pose en principe la nécessité de poursuivre les phénomènes biologiques jusqu'à leur réduction à des phénomènes physiques.

Telle est l'œuvre que, dans son histoire des progrès des sciences naturelles depuis 1789 jusqu'à 1826, Cuvier a passée sous un méprisant silence, et tel est l'homme auquel il a consacré pour tout éloge les lignes suivantes : « Lamarck est dans l'époque « actuelle celui qui s'est occupé des coquilles fossiles « avec le plus de suite et de fruit; il en a fait con- « naître plusieurs centaines d'espèces nouvelles seu- « lement dans les environs de Paris ». Il est des jugements par lesquels les juges sont à leur tour jugés.

Les idées de Lamarck reprises à l'heure actuelle, après plus d'un demi-siècle d'oubli, font partie intégrante du patrimoine intellectuel contemporain et les nouveaux développements qu'elles ont reçus seront à leur place traités à la fin de ce volume.

LIVRE V

LES GRANDES CONTROVERSES

SOMMAIRE :

CHAPITRE I

De la controverse en général.

Sommaire. — Les controverses n'ont d'autres causes que les différences entre les esprits. — La durée des controverses dépend de la généralité des problèmes. — Subjectivité de ce que nous nommons général et particulier. — Utilité ou inutilité des controverses. — Impossibilité d'uniformiser les esprits. — On peut les rendre conscients de leurs oppositions.

Nous voudrions montrer que les grandes controverses, qui à toutes les époques ont agité la science, ont pour cause unique les manifestes différences entre les esprits beaucoup plus que la connaissance ou l'ignorance des faits. Ceux-ci, à mesure qu'on les trouve, ne sont jamais que des prétextes et des arguments dirigés dans un sens ou dans un autre suivant des idées préconçues antérieures à leur découverte. Au reste, les mêmes faits connus par des hommes différents servent à étayer des thèses diverses.

Sans doute, à chaque époque, il semble aux observateurs superficiels qu'il y ait une orientation générale, une sorte d'accord unanime sur quelques grands principes et d'universelle adhésion à quelque grande doctrine. Aujourd'hui, par exemple, tous les embryologistes affirment qu'ils croient à l'épigenèse ; mais ce n'est pas vrai et, malgré leur affirmation pleine de bonne foi, beaucoup d'entre eux ne peuvent pas se laisser intimement pénétrer par cette conviction ni en être totalement imbus. Ils répètent qu'ils l'ont, mais pensent comme s'ils ne l'avaient pas. Repoussés des questions d'ensemble, pour lesquelles ils se déclarent en accord avec la doctrine universellement admise, ils se replient dans des problèmes particuliers et sans le dire, sans même le savoir, ils montrent que le concept d'épigenèse n'est point totalement adéquat à la construction de leurs propres idées.

L'opposition, disons-nous, est beaucoup moins entre la connaissance ou la méconnaissance des faits eux-mêmes qu'entre les façons diverses dont ils sont déformés par les différents esprits, ce qui fait les sujets de querelles. Il y a moins d'un siècle, en effet, les zoologistes savaient tous que, maintes fois, dans un coffre contenant de vieux chiffons et un peu de blé, on avait trouvé des souris. Devant ce fait, les uns raisonnaient ainsi : « Tous les mammifères que j'ai vus naître naissent d'une mère, donc une souris est venue accoucher là » ; les autres pensaient au contraire : « Je n'ai pas vu la souris mère, donc elle n'est pas venue, il y a eu génération spontanée » ; et les seconds semblaient, bien plus encore que les premiers, s'en rapporter au témoignage de leurs sens.

En vérité, les uns et les autres interprétaient le fait d'après leurs propres qualités intellectuelles, les premiers tenant pour absolue et nécessaire une loi vérifiée fréquemment, les seconds n'étant point ébranlés par cette vérification fréquente. Ils ne l'auraient pas été davantage par une expérience particulière et si on leur avait dit : « Prenons un coffre, assurons-nous qu'il n'a dans sa paroi aucun trou par lequel une souris puisse passer en notre présence ou hors de notre présence, mettons-y du blé et de vieux chiffons, après avoir constaté, morceau par morceau, que nulle souris ne s'abritait dans leurs plis, vous verrez bien ensuite qu'aucun de ces êtres ne se produira. » Ils auraient continué de croire que si, dans ce cas et dans un autre encore et dans tous ceux que vous leur pourrez montrer, le phénomène ne se manifeste pas, cela veut dire qu'il n'est pas fréquent, qu'il ne se produit pas souvent, mais que des circonstances surviennent où il se réalise quand même.

L'histoire de la lutte contre Pasteur est instructive à cet égard. L'éminent chimiste fut contraint de renouveler les expériences, de les multiplier, de les varier pour répondre à toutes les objections qu'on lui faisait sans cesse, objections précises par lesquelles ses contradicteurs prouvaient leur bonne foi et fournissaient, d'ailleurs, des armes contre eux. Il n'en est pas moins vrai qu'une génération tout entière dut passer avant que les esprits, préparés dès leur formation, acceptassent le fait de la panspermie comme obligatoire dans le domaine de la connaissance actuelle. Pour les idées, au surplus, rien n'est changé et si tout le monde doit convenir du fait actuel, les dynamistes demeurent convaincus que la génération spontanée est nécessaire. Son existence que l'on croyait connaître est inconnue. Voilà tout.

Nous venons de prendre pour préciser notre pensée une controverse type, mais il en est plusieurs autres qui se perpétuent avec la même constance. Ce n'est pas, bien entendu, que toutes les questions soient insolubles et que les discussions n'aboutissent jamais. Incontestablement il y a des degrés dans la durée des querelles et on peut d'ailleurs dire que cette durée est proportionnelle au degré de généralité du sujet. Or le degré de généralité d'un sujet n'est pas une puissance d'embrassement en quelque sorte propre à lui, dont il serait capable par rapport aux autres ; c'est nous qui créons la généralité d'un concept par la coutume que nous avons, en raison des qualités de notre entendement, d'y ramener et de lui subordonner un plus grand nombre de questions qui sont, par là-même, tenues pour plus particulières. Le général est, en quelque façon, un meilleur accueil réservé par notre connaissance au fait qui s'y enfonce plus profondément et qui par cela est à tout propos évoqué.

Les discussions sur les phénomènes particuliers restent techniques et l'examen répété des faits parvient à les trancher ou, s'il n'y parvient pas, les problèmes finissent par tomber dans l'oubli et par ne plus être regardés comme intéressants. Quand l'examen des faits arrive de la sorte à faire disparaître des questions, l'on peut dire que celles-ci ne sont pas essentielles à la satisfaction de notre besoin de connaître, qu'elles ne sont pas incorporées à la charpente même de nos idées fondamentales et qu'elles n'entrent pas comme constituantes dans la structure de l'intelligence humaine.

Quelques exemples préciseront ces questions qui à certaines époques remuent la science technique et n'ont pas de durée. Il y a vingt ans on s'agitait pour savoir quel était le véritable processus formateur des corps embryonnaires, si c'était la division en lames ou délamination ou bien le reploiement des surfaces appelé invagination. Plus près de nous on discute sur la structure physique du protoplasme; est-elle granuleuse, fibrillaire ou écumeuse?. L'observation des faits tendant à rendre plus probable la dernière de ces manières d'être, l'adhésion y vient peu à peu sans que rien se trouve profondément modifié dans l'ensemble des idées.

Tout autres sont les questions qui s'opposent en raison de la nature même des esprits. Elles semblent s'éteindre et disparaître, mais on les voit renaître sous un nom différent; certaines que l'on croit entièrement modernes sont au fond très anciennes. Le problème de l'hérédité, entre autres, paraît tout nouveau, puisque cette qualité des vivants était acceptée comme une donnée par Darwin et par Lamarck et qu'elle n'a été mise en cause que de nos jours. Il ne fait en réalité que transformer celui de la genèse et de l'édification des vivants. Cela est si vrai que l'hérédité a cessé d'être une donnée pour devenir une énigme au moment seul où la notion d'épigenèse s'est véritablement substituée à celle de préformation, où la notion de permanence a fait place à celle de changement.

On reconnaît d'abord sur ce terrain l'opposition entre les esprits statiques et les cinématiques, entre ceux que la discontinuité satisfait et ceux qui veulent plus de continuité. En outre, si les constatations apportées par les embryologistes ont plu par une harmonie d'apparence aux esprits cinématiques, il reste encore que les dynamistes s'inquiètent et voudraient savoir pourquoi les phénomènes se reproduisent avec ce rythme dont l'évidente régularité n'est pas une solution pour eux.

Ce sont les mêmes raisons qui établissent la durée du problème de la sexualité. Par sa discontinuité même, par l'impossibilité de se prêter à des combinaisons sérielles, il ne peut être abordé par la cinématique, mais les esprits statiques et les dynamiques s'y mesurent. S'il suffit aux uns d'y relever un mode particulier de la polarité, aspect sous lequel on range déjà d'assez fréquents phénomènes de cristallographie, d'électricité, de magnétisme, les autres se demandent quelles raisons il y a en dehors du phénomène lui-même pour qu'il se manifeste de cette façon définie.

C'est encore l'esprit statique qui se complaît dans les concepts catégorisants d'espèce, de spécificité cellulaire, de spécificité chimique où l'esprit dynamique ne voit que des groupes de faits à limites incertaines, de l'examen desquels ne peut ressortir aucune explication causale. Leur opposition perpétue sur ces sujets les vieilles querelles scolastiques des réalistes et des nominalistes que beaucoup considèrent comme closes depuis longtemps.

Est-ce donc à dire que jamais les faits plus approfondis, mieux étudiés, ne pourront amener un accord et une entente sur ces sujets généraux? Déjà les travaux modernes attribuent un sens tout physique aux phénomènes de la fécondation, permettent par suite d'entrevoir que la sexualité est moins qu'on ne pense une nécessité formelle et n'est-ce pas le début d'une radicale transformation d'idées. Cela devrait être, mais il ne semble pas probable que de longtemps cela soit.

On conçoit très bien, d'ailleurs, que si, dans nos laboratoires, un savant arrivait un jour à construire synthétiquement un protoplasme identique à celui que la nature nous fournit, s'accroissant par sa durée et se divisant, les partisans de la spécificité des formes et de la discontinuité nécessaire et donnée lui diraient tout de suite : « Eh bien! maintenant, faites un cheval ». Et l'on voit par là que la discussion aurait encore devant elle un assez bel avenir.

Après cela si l'on est bien convaincu que le fondement le plus solide de la discussion réside dans la différence des esprits, si l'on croit d'autre part que cette différence, incontestable en fait, n'est pas une immuable nécessité, il y aurait pour y mettre fin un moyen qui serait de les uniformiser tous par le dressage et l'éducation répétés pendant un nombre suffisant de générations. C'est ainsi que les hyménoptères agissent socialement sur les individus qui doivent perpétuer la communauté en s'arrangeant par des pratiques convenables à rendre, en quantité appropriée aux besoins, les uns des mâles, les autres des femelles et les derniers enfin des neutres qui s'occuperont aux travaux journaliers. Les changements dans la mentalité de ces diverses sortes ne sont pas moins grands que ceux dont leur corps est atteint, et l'on pourrait ainsi certainement orienter vers le même idéal toutes les intelligences des hommes.

Maintenant serait-ce un bien ? Qui pourrait le dire ? et qui peut savoir s'il a plus été perdu de temps dans des controverses sans fin que gagné de connaissances par l'excitation à la recherche où chacun se plongeait pour tâcher d'étayer la thèse qui lui était chère ?

Ne serait-il pas à craindre aussi que si l'on faisait tous les esprits plus complexes afin qu'ils comprissent plus de choses et mieux, on ne les rendit en même temps moins capables de choisir, de se décider, d'agir, de vivre enfin, ce qui est de toute nécessité, puisque l'homme est un animal en même temps qu'un penseur.

Ces questions sont plus faciles à poser qu'à résoudre. S'il est certain que l'intelligence humaine a peu changé depuis l'aurore de l'histoire jusqu'à notre époque, si les mêmes questions incessamment reviennent, si les mêmes problèmes se dressent soulevant les mêmes angoisses, on voit très bien à quoi cela tient. Il n'y a pas eu de sélection intellectuelle pratiquée avec continuité ni avec la mesure convenable ; on a laissé se mêler par la reproduction les intelligences spontanées ou sélectionnées avec des mentalités médiocres et l'on n'a pas su empêcher les produits d'une sélection suivie pendant deux ou trois générations de mourir tout jeunes ou de vivre chétifs et sans postérité.

Au lieu de s'en remettre au hasard qui fait naître spontanément le génie dans un milieu quelconque et ne lui laisse du reste jamais dépasser le même stade pas beaucoup plus élevé que le niveau moyen, on pourrait arriver à réaliser une sélection et concevoir une humanité où la grande intelligence serait cultivée dans une caste à part. Mais si l'on parvenait à faire des castes héréditaires, n'arriverait-on pas aussi à créer plusieurs espèces humaines au lieu d'une seule. Serait-on sûr alors qu'elles pourraient seulement se comprendre, s'entr'aider, exercer entre elles l'indispensable solidarité. Le fossé qui existe entre ceux qui pensent beaucoup et ceux qui pensent peu, si facile à franchir à l'heure actuelle, ne deviendrait-il pas un abîme entre les deux bords duquel il n'y aurait plus de communication possible.

Au surplus, comment se recruterait d'abord le noyau de la caste? Et qui oserait décider de l'intelligence des autres, puisqu'aussi bien la plupart des hommes auxquels la postérité rend hommage ont été de leur vivant considérés comme des perturbateurs, des maniaques, et n'ont presque jamais suscité tout d'abord que la colère ou la raillerie. Il est bien probable que la volonté de l'homme cultiverait comme génie l'état moyen, et que le génie véritable continuerait de naître spontanément dans les cultures ou à côté sans rapport défini avec leur action.

La véritable solution pratique est de prendre comme une donnée ce qui est, de le connaître bien si on veut le changer, et pour atteindre ce but lointain de relever l'état moyen, de diriger les esprits en les rendant conscients de leurs qualités et de celles des autres, et de préparer ainsi la tolérance des points de vue. Les éducateurs doivent être des psychologues en même temps que des savants.

L'examen que nous allons faire de quelques controverses, outre son intérêt propre, va me permettre aussi de montrer dans quelle mesure, en attribuant une part aux qualités de l'esprit dans la construction de la science, mon exposé diffère du kantisme dont on l'a immédiatement rapproché, non sans raisons d'ailleurs.

Tandis que Kant se borne à considérer un seul entendement humain dont les catégories forment les cadres de tous nos raisonnements, j'en reconnais plusieurs types qui précisément s'opposent dans les querelles générales. A ces types intellectuels correspondent en même nombre des types de constructions scientifiques divers, malgré l'emploi comme matériaux des mêmes phénomènes.

Les trois manières essentielles d'ordonner les idées, distinguées et dénommées jusqu'ici dans la mécanique seulement, sont manifestes partout. J'ai tenté de le montrer explicitement pour la biologie; mais on pourrait le faire aussi pour la grammaire, pour l'histoire, etc...; il s'agit d'une loi tout à fait générale de la connaissance.

Je ne crois pas d'ailleurs que l'esprit humain ni ses diverses formes soient incapables d'évolution ultérieure malgré que nous n'en constations aucune depuis que nous les pouvons suivre. La grande variation qui s'est réalisée vers la fin de l'époque tertiaire et dans le cours du quaternaire peut se reproduire et nous pouvons y aider. Mais, pour faire une bonne route, il ne suffit pas de savoir où l'on veut aller; il faut encore exactement relever le point où l'on est et dont on part afin de déterminer le chemin. C'est pourquoi je me suis appliqué à bien montrer dans la science, en équivalence actuelle, les diverses tendances et les diverses méthodes, malgré l'inégalité possible de leur avenir inconnu.

CHAPITRE II

Genèse et génération.

Sommaire. — Tous les hommes ont toujours admis à la fois la genèse et la génération. — Diverses manières de situer la genèse dans le temps : création, créations, générations spontanées. — Pasteur et la panspermie. — La sexualité. — Ovulistes et spermatistes. — Contingence de la fécondation.

Depuis que les hommes regardent et réfléchissent, ils ont cru l'introduction des vivants dans le monde possible de deux manières représentées par les mots de génération et de genèse. La génération traduit ce fait, toujours connu d'une façon banale, que les animaux naissent de parents ou d'animaux antérieurs à eux possédant la forme même à laquelle ils parviendront. Le mot de genèse exprime qu'en dehors de cela les animaux peuvent apparaître aussi, soit en s'organisant spontanément aux dépens de la matière inerte, soit aux dépens de quelque corps autrefois vivant et qui pourrit, soit de toute autre manière enfin qui ne suppose pas la nécessité de parents d'une forme identique. A ce nom de genèse, on fait équivaloir ceux de génération spontanée ou d'hétérogénie.

Tous les hommes, à toutes les époques, ont cru à la génération et à la genèse. Sur la génération même il y a eu des controverses tenant à l'ignorance des faits ; et sur la genèse les hommes qui tous l'admettent se font deux idées différentes. Pour les uns la genèse n'a eu lieu qu'une fois, c'est la création. Elle ne s'est pas reproduite depuis, en aucun lieu ni en aucun temps. Que l'on considère ou non cette genèse comme l'œuvre d'un esprit créateur, cela n'importe pas puisqu'il s'agit toujours au fond de la formation des vivants avec le limon de la terre.

D'autres, comme L. Agassiz, pensent que la genèse s'est répétée à diverses reprises et que l'intelligence créatrice a manifesté son pouvoir par plusieurs créations, en nombre limité cependant et générales à chaque fois.

D'autres enfin croient que la genèse ou génération spontanée peut se faire, soit fréquemment, soit accidentellement, à n'importe quel moment de l'histoire de la terre, avec ou sans intervention de l'esprit créateur, Anaïtis, Isis, Aphrodite ou Dieu. Il est du reste curieux de remarquer que ces sujets dont les religions s'embarrassent sans nécessité ne devraient point leur importer du tout.

Voilà donc deux concepts essentiels que tous les hommes ont toujours admis; et la controverse n'a porté que sur la part revenant à chacun des deux processus universellement reconnus. Toutes les théories ou les croyances accordent à la génération une importance incontestée et à la genèse une importance très grande aussi, mais elles la situent diversement dans le temps.

Dès l'antiquité la plus reculée, on se rendit compte de la reproduction par germe non seulement pour les êtres élevés en organisation, mais même pour les plus inférieurs ; et, par exemple, Homère sait très bien que les mouches engendrent des vers. Nous lisons en effet au chant XIX de l'*Iliade* : « Je crains « que les mouches ne pénètrent dans les blessures

« faites par l'airain au noble fils de Ménétius, n'engen« drent des vers, ne souillent ce corps et que les « chairs ne soient entièrement corrompues. » Cependant à côté de ces affirmations nettes, les idées de génération spontanée étaient fort solides dans le monde antique. En laissant de côté les données sur lesquelles se sont édifiés les mythes, nous voyons encore Aristote croire que la fermentation du limon produit les anguilles, et que les chenilles naissent de la putréfaction des plantes et de la rosée. Il sait que les papillons, les mouches, les poux, les mollusques ont des œufs, mais il considère ceux-ci comme ordinairement stériles. L'état d'esprit de ses contemporains ne lui permet pas d'être exclusivement générationiste.

La génération spontanée exposée par Lucrèce admettait la naissance d'animaux même compliqués comme les chenilles, les mouches, les vers, les puces, les souris, aux dépens de matières en décomposition, du mucus et de la rosée. Ces données restèrent courantes pendant tout le moyen âge et la renaissance et même au XVIIe siècle John Jonston reproduisait encore les propos d'Aristote sur la naissance des chenilles. Malgré la profession d'Harvey qui en 1651 attribuait un œuf pour origine à tout être vivant, la question était loin d'être tranchée; aussi Redi, médecin des ducs de Toscane à Florence, en reprit-il l'étude d'une façon méthodique. Dans un mémoire sur la génération des insectes en 1668, il prouva par l'expérience que les vers ne se développent point dans la viande mise à l'abri des mouches et qu'aucun animal ne tire son origine du corps sur lequel on le voit apparaître, mais qu'il provient d'un œuf préalablement déposé par une femelle. Il fit aussi sur les vers parasites des expériences semblables. A la même époque Vallisneri effectua des recherches analogues et arriva à des conclusions identiques relativement aux vers que l'on rencontre dans l'intérieur de certains fruits. Cet auteur fut conduit à admettre que tous les vers intestinaux se trouvaient dans le paradis terrestre et dans l'intestin du premier homme, ce qui devait plutôt le gêner, mais il importe avant tout d'être logique et conséquent.

Le débat parut momentanément clos, du moins dans les écrits savants, mais il ne tarda pas à se rouvrir. L'emploi du microscope ainsi que la découverte des êtres inférieurs qui en résulta fournirent d'autres objets sur lesquels on crut pouvoir adapter le concept. Ce fut Needham qui le remit en honneur en 1745. Tout en se défendant du matérialisme, il considère la nature comme douée d'une force productive de vie, d'un principe particulier de fécondité capable d'organiser les matières en décomposition et de les transformer en infusoires. Les animaux produits de la sorte dégénèrent ensuite en végétaux. L'auteur et le système furent très bien accueillis par Buffon qui trouvait ces indications conformes à ses propres vues sur la génération; elles furent d'ailleurs conservées par Lamarck.

Wrisberg également retirait en 1765 de ses expériences la conclusion que l'eau, la chaleur et une substance animale ou végétale quelconque étaient nécessaires et suffisaient à la génération des organismes.

Un célèbre professeur de Pavie, Spallanzani, combattit énergiquement ces interprétations. Comme Bonnet, avec lequel il était d'ailleurs en relations amicales, il croit à la préexistence des germes pour tous les organismes et pense, relativement aux infusoires, que si l'on obtient des formes diverses de ceux-ci suivant les substances infusées, cela tient à ce qu'avec ces dernières on n'introduit pas toujours les mêmes œufs.

Il fut suivi dans cette voie par Schwann, un des

auteurs de la théorie cellulaire, puis en 1854 par Schröder et Dusch.

Le problème paraissait encore une fois résolu ; mais en 1859 Pouchet de Rouen remit tout en question par ses expériences auxquelles s'opposèrent de suite celles de Pasteur. A côté de Pouchet, nous voyons le botaniste Trécul qui, par de multiples essais, dans lesquels toutes les précautions ne sont pas prises, prétend obtenir des générations spontanées et oppose ces faits mal observés aux admirables et pour toujours démonstratives recherches de Pasteur. Trécul, ayant rencontré dans l'intérieur de certaines plantes (Caladium) des filaments de végétaux inférieurs, ne pouvait admettre que dans ces tissus profonds si parfaitement clos, ils avaient pu pénétrer et pensait qu'ils avaient dû y être produits par génération spontanée. Il niait ainsi, pour des idées à priori, toute infestation parasitaire, par laquelle on explique au contraire aujourd'hui les innombrables faits analogues à celui qu'avait observé Trécul et découverts depuis.

Ce n'était pas au reste d'une plume légère que les hétérogénistes, ou partisans de la génération spontanée, défendaient leur opinion ou plutôt célébraient leur triomphe qu'ils croyaient assuré. Pouchet, le plus fougueux d'entre eux, écrit quelque part (1). « L'un « des hommes qui honorent le plus la science italienne, « l'illustre Mantegazza, dans des travaux qui resteront « à jamais célèbres, a démontré victorieusement com- « bien étaient erronées les théories des panspermistes. « M. Musset de Toulouse et l'illustre professeur Joly, « par leurs importantes recherches sur les générations « spontanées, ont porté le dernier coup à cette pré- « tendue dissémination des germes. M. Ezio Castoldi « de Milan a aussi, dans un savant mémoire critique, « démontré toute l'inanité des hypothèses de M. Pas- « teur. »

1. L'*Univers*. Paris, 1872, p. 754.

Un peu plus de calme n'aurait pas été de trop. Telle est surtout la réflexion que suggère ce texte à 30 ans de distance. Ceux aujourd'hui qui croient à la nécessité de la génération spontanée à une époque quelconque ou à la possibilité de la réaliser un jour s'y prennent d'une tout autre façon, et pas un d'entre eux ne conteste les résultats désormais acquis de Pasteur et de ses élèves.

Il est d'ailleurs un ensemble de faits connexes aux précédents dont l'examen a certainement eu pour résultat d'accentuer le différend entre les partisans de la génération seule et ceux qui admettent les possibilités de la genèse. Nous voulons parler du rôte qu'il convient d'attribuer dans la génération à chacun des deux sexes. Toujours on a su distinguer ceux-ci, soit dans l'espèce humaine, soit dans les animaux supérieurs étudiés à cet égard avec le plus grand soin, attendu que la reproduction en captivité était la condition même permettant de changer leur apprivoisement en domestication.

A l'origine on ne savait pas bien exactement dans quelle mesure étaient générales les conditions du rapprochement sexuel que l'on connaissait pour quelques-uns, et, par exemple, l'habitude qu'ont les oiseaux de se becqueter en période d'amour fit croire à beaucoup d'auteurs que leur accouplement se faisait par le bec. Anaxagore attribue au corbeau et à l'ibis cette particularité, ce qui fut bien des fois répété depuis.

Dans l'antiquité on croyait assez facilement, par extension anthropomorphique, que la sexualité était l'état obligatoire de tous les êtres vivants. Le fait, vérifié sur les animaux supérieurs et les plantes très utiles comme le dattier, le pistachier et d'autres, fut tenu pour la condition universelle. C'est à ce titre que la vallisnérie, plante aquatique dont la sexualité est facile à voir et dont la fécondation est très remarquable, fut ainsi que nous l'avons montré distinguée et employée à profusion par les décorateurs égéens. En généralisant ces cas types on considérait comme femelle l'être qui était producteur du germe, de l'œuf, du fruit ou du jeune chez les vivipares. Le mâle était défini comme ne portant pas de germe et par sa stérilité. Théophraste ne donne pas pour les plantes, que d'ailleurs il croit toutes sexuées, d'autres caractères de la sexualité.

L'androgyne, réunissant tous les attributs nécessaires à la fécondité, n'était qu'un symbole construit pour représenter le divin. Cependant l'accord n'était pas unanime et Empédocle savait déjà que très ordinairement les sexes ne sont pas séparés chez les plantes. Il avait des idées, justes en partie, sur le rôle respectif du mâle et de la femelle dans la procréation et leur accordait à l'un et à l'autre autant d'influence. Il supposait que le déterminisme de leur production et de la diversité secondaire dans leur rôle tenait aux conditions de leur évolution première. C'est l'état de la mère qui pour lui détermine le sexe du produit; mais il précisait à tort que dans un utérus chaud il se forme des mâles et dans un utérus froid, des femelles. Il prend, en reconnaissant aux deux sexes une action également importante dans la génération, un parti moyen entre deux écoles adverses qui se sont combattues presque jusqu'à nos jours et qui s'opposent par la valeur attribuée soit à un sexe, soit à l'autre.

Sur diverses peintures égyptiennes nous voyons nettement la semence du mâle représentée avec les qualités et par le même dessin que les germes. Anaxagore fut en Grèce le représentant de cette idée. Pour lui, la femelle ne donne que le lieu et en quelque sorte le terrain de culture; le germe vient du mâle. Les petits mâles sont issus de son testicule droit et les femelles du gauche; la femelle mère n'y est pour rien du tout, puisque dans un même utérus on rencontre soit des femelles, soit des mâles.

Chez les modernes, lorsque Louis de Hammen, en 1677, et Leuwenhœck eurent fait connaître l'existence du spermatozoïde, et que Spallanzani eut démontré son rôle dans la fécondation, il semblait que ce débat dût prendre fin. Mais la croyance à la préformation de l'embryon dans le germe, c'est-à-dire à son existence réelle, complète, en tout petit qui n'avait plus qu'à grandir, était un grand embarras en face des deux éléments nécessaires pour le constituer. Si l'être était formé de deux morceaux, il n'était pas totalement préformé; puis quel morceau mettre d'un côté, quel morceau de l'autre?

On reprit la vieille opposition des deux éléments formateurs : l'un était essentiel et l'autre n'était en quelque sorte pour lui qu'un excitant ou un aliment. Mais lequel des deux éléments était l'essentiel? Les ovulistes disaient : c'est l'élément femelle, et l'on comptait parmi eux Swammerdam, Malpighi, Haller, Spallanzani, Charles Bonnet. Les spermatistes prétendaient que c'est l'élément mâle et ils donnaient même des dessins représentant avec un grossissement considérable de petits bonshommes figurés tout entiers dans le spermatozoïde. Les plus illustres partisans de cette thèse furent Leuwenhœk et Boerhaave. Tout récemment, et bien qu'il ne s'agisse plus ostensiblement de préformation, mais seulement d'hérédité ou de conservation de la forme, Boveri reprend la suite de l'école spermatiste en considérant l'élément mâle comme le vecteur des qualités héréditaires.

Cependant les idées d'épigenèse, si elles avaient vraiment et totalement pénétré tous les esprits, auraient dû rendre absolument impossible le retour de pareilles discussions. En outre, la découverte de la parthénogenèse, faite chez un grand nombre d'insectes, de crustacés, de rotifères, révélant la possibilité que des œufs se développent sans aucune fécondation et pendant plusieurs générations de suite où il n'existe que des femelles, démontre que la sexualité et la fécondation, malgré que ce soient des phénomènes fréquents, ordinaires, usuels en quelque sorte, ne sont point nécessaires et par suite ne sont point des données primordiales dans le concept d'être vivant, même s'il s'agit de formes élevées déjà comme les insectes chez lesquels la fécondation est de règle.

Si donc la fécondation arrive souvent mais peut être supprimée, c'est qu'elle n'est point indispensable et qu'elle est seulement une condition réalisée d'habitude parce que les circonstances qui la déterminent sont largement répandues. C'est d'ailleurs ce qui fait la difficulté de les découvrir, car elles sont noyées dans un ensemble constant que nous ne savons pas analyser encore.

Il faut d'abord examiner les exceptions aux règles de fréquence afin de pénétrer le sens de celles-ci. Au surplus chez les végétaux inférieurs le phénomène de la conjugaison, où l'on voit se réunir deux éléments parfaitement égaux et dont on ne peut dire que l'un soit mâle ou l'autre femelle, la formation des spores par division d'une seule masse plasmique sans aucune fécondation préalable, la karyogamie qui consiste en un simple échange entre deux cellules d'une partie de leur noyau respectif, enfin la sisciparité, c'est-à-dire la coupure en deux d'un être antérieur pour en constituer deux autres, tous phénomènes que l'on peut faire varier ou que l'on peut suppléer par les conditions extérieures du milieu, permettent justement d'évoluer hors de la loi de fréquence.

Voici maintenant que l'on remplace par des agents convenablement choisis la fécondation elle-même, ainsi que nous le dirons dans les pages suivantes et l'on commence à voir enfin cette question de la sexualité approcher de son terme. La solution montrera de plus une des voies par lesquelles on pourra saisir des liaisons de continuité entre la génération et la genèse, seule circonstance qui permettrait de laisser provisoirement reposer cette controverse. Mais il n'y a aucune raison d'espérer qu'elle ne renaîtra pas, d'une façon d'ailleurs que nous ne pouvons pas prévoir.

CHAPITRE III

La question de l'espèce.

Sommaire. — L'espèce c'est le nom. — Les querelles scolastiques entre nominalistes et réalistes durent toujours. — La réalité de l'espèce fondée sur le criterium de la fécondité. — Opposition sur les mêmes faits entre l'esprit de Cuvier et celui de Darwin. — La réalité ou l'objectivité de l'espèce s'évanouit devant l'expérience.

La notion d'espèce est éminemment statique; elle n'a fourni prétexte à discussions et à querelles que le jour où l'on a voulu la transposer et la scruter à l'aide des faits relevés par la cinématique et la dynamique. A l'origine le terme d'espèce était loin d'avoir la signification rigoureuse que nous lui attribuons aujourd'hui. Il se confondait plus ou moins avec celui de type, lequel n'est pas autre chose que le substratum objectif du nom. L'espèce était en somme le plus petit des groupes exprimé par le plus particulier des noms appliqué à chaque animal, à ceux surtout que leur cohabitation journalière avec l'homme ne faisait pas désigner par un nom personnel, comme il est d'usage de le faire pour les chiens, les chevaux, etc. On ne soupçonnait même pas en biologie qu'il y eût lieu de discuter et de préciser le rapport de ces appellations abstraites avec la réalité concrète. Cette sorte de recherche était purement métaphysique.

Il y a cependant pour la science un intérêt de premier ordre à savoir, lorsqu'on crée un nom pour désigner une série de phénomènes, quel ensemble de qualités mesurables amène à l'établir. Il est d'autre part essentiel de rechercher s'il n'y a pas dans l'esprit humain quelques propriétés fondamentales en raison desquelles nous sommes plus frappés par certains aspects des objets que nous retenons et symbolisons à l'aide d'un vocable, tandis qu'elles nous poussent à négliger certains autres aspects, à en faire abstraction et à les oublier. De quelle façon ces divers éléments ont-ils concouru pour établir la notion d'espèce et dans quelle mesure leur valeur respective a-t-elle été la cause des incertitudes du concept et l'a-t-elle rendu discutable et discuté ?

A l'origine, le nom spécifique d'un être vivant ou d'un objet quelconque fut appliqué par une instinctive appréciation des ressemblances et des différences. Ce fut un jugement intuitif, dont on ne songea que beaucoup plus tard à rédiger les considérants et quand on y songea ce fut d'abord d'une façon métaphysique.

Platon est le premier qui s'en soit occupé avec quelque profondeur et ses idées imprégnèrent pendant tout le moyen âge la théologie et la scolastique. La conception générale de l'espèce et du genre était considérée comme une réalité indépendante des choses existantes et non comme une interprétation subjective des phénomènes. Nous avons déjà résumé les traits principaux de cette longue dispute entre réalistes et nominalistes et nous n'y reviendrons pas ; montrons seulement qu'elle dure toujours, bien que tout le monde la croie finie.

Dans la période moderne, en effet, la question de l'espèce se pose à peu près de la même manière et comporte les deux mêmes éléments, création du nom, vérification de sa valeur objective. L'œuvre entière de Linné, la grande réforme qu'il accomplit et le progrès considérable qu'il fit faire aux sciences de la nature montrent surabondamment qu'une partie du problème à résoudre était de déterminer les animaux ou les plantes auxquels il convient d'attribuer le même nom. En tranchant la difficulté technique de la dénomination, Linné avait du coup posé et résolu le problème de l'espèce dans la mesure où il peut l'être en le ramenant au suivant : comment dans les objets naturels est-il possible d'introduire une discontinuité qui cadre d'une manière facile avec la discontinuité de notre pensée, encore accrue par l'usage de traduire celle-ci à l'aide de sons. Il est vrai que Linné, parfaitement dupe de l'accord qu'il avait construit et l'esprit en repos, en vint à conclure que l'on trouve autant d'espèces à l'heure actuelle qu'il en a été créé à l'origine, attribuant ainsi une réalité à ses catégories nominales.

Tout de même, si l'on peut établir autant d'espèces que nous sommes capables de créer de noms, il semble que leur nombre doive être illimité, arbitraire et variable avec les descripteurs. En réalité, c'est bien ainsi que les choses se passent, et, dans un seul groupe, on voit souvent certains savants faire une trentaine d'espèces pendant que d'autres en distinguent seulement quatre ou cinq. L'événement dépend de l'impression produite sur l'esprit du naturaliste par les différences qu'il découvre, impression d'après laquelle il estimera celles-ci importantes assez pour être symbolisées par un nom ou pas assez pour mériter cet égard.

Cependant, se refusant comme aux beaux jours de la scolastique à être nominalistes, de nombreux auteurs ont essayé de définir l'espèce d'une façon qui ne la rendît pas, comme nous venons de le faire tout à fait subjective, arbitraire et n'ayant de solidité que dans la mesure où l'esprit humain lui-même a ses lois, en raison desquelles les divers spécificateurs oscillent entre des limites pas trop écartées, ce qui maintient une certaine possibilité d'accord.

Voyons donc à l'œuvre nos néo-réalistes. Quel sera pour l'espèce le criterium de l'objectivité? Le premier qui se soit préoccupé de la question et qui en ait parlé, avant même que Linné n'ait construit son système, est l'anglais John Ray. « La différence des sexes, dit-il, « ne suffit pas pour établir chez les animaux une « différence d'espèce ; les deux sexes, en effet, malgré « leurs différences secondaires souvent nombreuses, « viennent de la semence d'une espèce unique et « souvent des mêmes progéniteurs. L'identité d'espèce « entre le taureau et la vache, entre l'homme et la « femme résulte de cela seul qu'ils naissent des « mêmes parents, souvent de la même mère. Chez les « plantes aussi, il n'y a pas de signe plus certain « d'identité spécifique que la provenance d'une plante « identique. Les formes différentes conservent indé- « finiment leur espèce et jamais l'une ne naît de la « semence des autres ou inversement. »

C'est donc le criterium de la génération posé avec netteté pour la première fois et cependant son auteur n'est pas aussi absolu partisan de la fixité des espèces qu'on le sera plus tard ; il n'est même pas conscient de la question qui va naître. « Il faut noter, « dit-il, que malgré sa constance ordinaire le signe « de l'identité spécifique n'est pas perpétuel ni infail- « lible. L'expérience enseigne que certaines graines « dégénèrent et produisent, rarement il est vrai, des « plantes spécifiquement différentes de la mère. Il y a « donc dans les plantes transmutation possible des « espèces. »

Au fond, J. Ray avait très bien posé la question. Le criterium qu'il propose est juste d'ordinaire, c'est-à-dire fréquemment, mais il est parfois en défaut, rarement à la vérité ; il exprime donc tout simplement une loi de fréquence, parfaitement utilisable en statique, mais qui n'est pas valable dès qu'on veut l'étendre au delà. Elle ne peut plus être alors qu'un prétexte à discussions.

C'est, du reste, ce que de son côté Buffon avait parfaitement senti. On lui a souvent reproché d'avoir eu, relativement à l'espèce, des fluctuations et l'on a opposé entre eux certains passages de ses œuvres où il la dit constante à d'autres où il la déclare variable. Au fond, pour ce phénomène comme pour d'autres, il a su reconnaître qu'il y a du constant et du variable, que ce sont deux aspects sous lesquels on voit les mêmes choses et l'on peut ajouter seulement qu'il fut de plus en plus frappé par le second. Parlant de la nature entière qui s'offre à notre examen, il écrit : « Autant elle paraît fixe dans son tout, autant « elle est variable dans chacune de ses parties et si « nous l'embrassons dans toute son étendue, nous ne « pourrons douter qu'elle ne soit aujourd'hui très « différente de ce qu'elle était au commencement et « de ce qu'elle est devenue dans la succession des « temps. »

Certainement, si Buffon avait su, ce que Cuvier et Lamarck démontrèrent plus tard seulement, que les fossiles ne sont pas identiques aux espèces actuelles il eût établi complètement la théorie de l'évolution, car il avait une forme d'esprit où naissait tout naturellement ce concept. Buffon a d'ailleurs eu très nette l'idée de la variation sous l'influence de l'homme ; quant aux plantes, en particulier, il expose qu'il suffit pour s'en convaincre de parcourir la grande collection de dessins coloriés, commencée dès l'époque de Gaston d'Orléans. « Les fleurs les plus belles de ce « temps, renoncules, œillets, tulipes, quoique déjà « cultivées, étaient toutes simples ; dans les plantes

« potagères, une seule espèce de chicorée et deux « sortes de laitues, tandis qu'aujourd'hui il y a plus « de cinquante espèces de chacune », et ainsi de suite. De même pour les fruits ; la culture les a tellement modifiés que l'on peut dire avec Buffon : les noms sont demeurés, les choses ont changé. Le pouvoir de dégager ainsi les choses de leur nom, la réalité de nos symboles et de nos combinaisons, devrait être la marque du véritable esprit scientifique, mais l'on doit reconnaître que ce pouvoir est extrêmement rare.

Relativement d'ailleurs au criterium de la génération pour définir l'espèce et les propriétés spécifiques, c'est encore Buffon qui nous fait remarquer que « dans « les animaux, la plupart des qualités qui paraissent « individuelles ne laissent pas de se transmettre et de « se propager par la même voie que les propriétés « spécifiques. »

Il est intéressant sur ces questions des propriétés spécifiques, comme sur beaucoup d'autres, de consulter Cuvier. La superbe originalité de son intelligence et la puissance de sa personnalité rendent manifeste le rôle de la nature des esprits dans ces controverses. Il traite avec quelque détail le sujet dans les *Révolutions du Globe* (1). Après avoir prouvé que les espèces fossiles découvertes par lui sont tout à fait différentes de celles que l'on connaissait jusque-là, il ne craint pas d'examiner la question de savoir « pourquoi les races actuelles ne seraient pas des « modifications de ces races anciennes que l'on trouve « parmi les fossiles, modifications qui auraient été « produites par les circonstances locales et le chan- « gement de climats, et portées à cette extrême diffé- « rence par la longue succession des années ».

Il écarte cette possibilité pour deux raisons : l'une

1. Paris, 1877, p. 77.

est l'absence des formes intermédiaires qui devraient établir la continuité et qu'il n'a point rencontrées dans les terrains explorés par lui, l'autre est la limite qui borne toujours les variations dans une même espèce. C'est cette partie de sa réfutation qui nous intéresse à l'heure actuelle.

Cuvier est moins que personne ému de n'avoir pas pour l'espèce un critère objectif ; elle comprend pour lui « les individus qui descendent les uns des autres « ou de parents communs et ceux qui leur ressem- « blent autant qu'ils se ressemblent entre eux ». Donc au critère objectif de la génération il n'hésite aucunement à adjoindre celui de la ressemblance, un jugement de notre esprit dans lequel il a toute confiance.

D'après la définition précédente, la variation permise, qui ne porte pas atteinte à la ressemblance spécifique, doit être tout au plus égale en grandeur à celles que l'on peut observer entre frères. Mais Cuvier constate, sans en être aucunement ébranlé, des différences beaucoup plus grandes que celles-là. Il croit se tirer d'affaire en leur accordant juste assez d'importance pour mériter le nom de variété et il suppose que ce terme nouveau, cette discontinuité nouvelle doivent parfaitement suffire pour tranquilliser tout le monde. Après avoir fait remarquer que, chez les animaux sauvages, les variations ne sont pas de grande amplitude et qu'elles portent seulement sur la fourrure ou sur des qualités extérieures, en respectant complètement les os, les crânes, le nombre et la forme des articulations, il ne peut s'empêcher de constater que chez les animaux domestiques ces variations sont beaucoup plus importantes. Par exemple, des chiens peuvent différer pour le volume dans la proportion de 1 à 100 « pour la forme des « oreilles, du nez, de la queue, pour la hauteur rela- « tive des jambes, pour le développement progressif

« du cerveau, dans les variétés domestiques, d'où « résulte la forme même de leur tête, tantôt grêle à « museau effilé, à front plat, tantôt à museau court, « à front bombé, au point que les différences appa- « rentes d'un mâtin et d'un barbet, d'un lévrier et « d'un doguin sont plus fortes que celles d'aucunes « espèces sauvages d'un même genre naturel. » Enfin il y a « des races de chiens qui ont un doigt « de plus aux pieds de derrière avec les os du tarse « correspondants. » Chez d'autres encore il se développe une fausse molaire de plus soit à droite soit à gauche.

Ces constatations sont du plus haut intérêt, car ce sont les faits mêmes, multipliés en nombre mais non changés en nature, qui ont amené Darwin à repousser l'idée de la fixité pour l'espèce; ils donnent au contraire à Cuvier l'idée que la variation est insignifiante. Toute la différence est donc dans le jugement de ces deux savants. Elle réside uniquement dans les qualités de leurs esprits.

Cependant la préoccupation de justifier l'objectivité de l'espèce ou, comme auraient dit les scolastiques, sa réalité suscita des recherches qui ne furent point sans intérêt. Puisque dans les définitions proposées le caractère de la génération était le seul accessible à l'expérimentation, on essaya de le préciser par cette voie. De toute antiquité on avait opéré des croisements entre des espèces universellement reconnues comme distinctes par l'emploi de noms différents pour en désigner les individus. Le croisement de l'âne et du cheval avait très anciennement fourni le mulet aux peuples aryens tout au moins, car chez les sémites cette pratique paraît avoir été interdite. Le fait banalement connu de l'infécondité des mulets, sauf quelques rares exceptions portant d'ailleurs sur des femelles seulement, avait fait transformer la définition de l'espèce en la suivante : c'est l'ensemble des individus capables de se reproduire entre eux en donnant des produits féconds.

Mais en essayant de divers autres croisements on reconnut que celui du lièvre et du lapin donnait précisément des produits indéfiniment féconds. A la longue, il est vrai, les individus de cette race nouvelle faisaient retour par leurs caractères soit au type du lapin soit à celui du lièvre. Il fallut alors compléter la définition de l'espèce en ajoutant à la fécondité indéfinie la fixité des caractères obtenus sans retour aux deux types originels. Or, c'était réintroduire la notion subjective de ressemblance fondée sur notre jugement à laquelle on avait essayé d'échapper.

Au surplus, le caractère de la génération qui n'avait point donné de critère absolu et positif se trouva encore en défaut d'une manière négative. En 1418, Gonzalès Zarco abandonna dans l'île de Porto-Santo, près de Madère, une lapine qui, à son bord, avait fait des petits pendant le voyage. Cette famille prospéra si bien et ses descendants exercèrent tant de ravages qu'on dut abandonner tous les établissements de l'île. D'après les mesures de Darwin, les lapins de Porto-Santo auraient, en quatre siècles, perdu presque la moitié de leur poids. Des différences importantes dans le pelage et surtout le fait qu'ils refusaient tout accouplement avec d'autres lapins devaient obliger à en faire une espèce nouvelle, alors que ces animaux descendaient avec une entière certitude de lapins ordinaires.

Charles Naudin a réalisé de son côté un nombre considérable d'expériences sur le métissage entre plusieurs espèces d'une même famille botanique, particulièrement chez les cucurbitacées. Les hybrides obtenus de la sorte varient, au bout d'une génération ou deux, en des sens très divers et se ramènent en fin de compte à un petit nombre de types fixés que

Naudin considère comme les espèces fondamentales de la famille, desquelles sont dérivées toutes les autres. On les retrouve en brassant ensemble les caractères qui ont naturellement divergé, de la même manière, par exemple, que l'on obtient sur une plaque photographique un portrait de famille en faisant passer devant l'objectif tous les membres de celle-ci, de telle sorte que leurs profils se superposent aussi exactement qu'ils le peuvent.

De cette façon les études sur la fixité de l'espèce, suffisamment étendues et conduites avec assez de persévérance, ont fini par donner la notion de la variabilité et de l'évolution. Au reste, si l'on permettait maintenant aux dynamistes d'intervenir dans la question, le fameux criterium de l'infécondité ne paraîtrait pas bien assuré. Les différences morphologiques en effet, alors même qu'elles n'empêcheraient pas l'accouplement, sont connexes de toutes les actions vitales qui ont modifié la composition du milieu intérieur et, par son intermédiaire, celle de toutes les cellules, en particulier de l'œuf. La vie de cette cellule, sa divisibilité, son avenir, sont trop soumis aux actions extérieures pour ne pas être influencés par la présence d'un spermatozoïde inaccoutumé. La cellule-œuf peut de ce fait être frappée de mort, ce qui est le cas de l'infécondité, ou de monstruosité par défaut, ce qui est le cas des hybrides stériles

Quoi qu'il en soit, nous pensons avoir montré que la notion d'espèce est de celles sur lesquelles l'accord est impossible tant qu'il y aura des esprits jugeant différemment; elle se relie d'ailleurs aux controverses sur la génération. C'est le nœud par lequel toutes ces discussions sont attachées entre elles.

CHAPITRE IV

Le problème de l'individualité.

Sommaire. — L'individu est à la fois l'unité de forme, l'unité de vie, l'unité de conscience. — Impossibilité de fondre les trois concepts en un seul. — Les générations alternantes chez les animaux et chez les végétaux. — Le polymorphisme. — Huxley introduit dans l'individualité un quatrième concept : l'unité de germe. — Les individualités de divers ordres. — Théories cellulaire, polyzoïque, coloniale. — Elles n'ont d'autre fondement que des confusions sous le vocable d'individualité entre quatre concepts distincts.

Comme celle de l'espèce, l'idée d'individualité participe à nos incertitudes sur la génération qui est la controverse type et comme la source unique où les autres prennent naissance, tant il est vrai que notre plus grand embarras relatif aux animaux résulte de ce que nous ne savons pas les faire nous-mêmes

Un individu, si l'on s'en rapporte du moins à l'étymologie, est un être que l'on ne peut ni couper, ni diviser, sans lui faire perdre par cela seul ses attributs essentiels. Il représente l'unité qui nous est nécessaire pour comprendre et que, en raison de cette nécessité subjective, nous voulons retrouver comme une donnée naturelle. C'est au fond un concept arithmétique et les difficultés soulevées à son occasion proviennent d'un manque d'accord entre cette construction de notre esprit et les réalités vivantes.

L'idée de nombre et l'idée de vie sont absolument indépendantes; mais la vie se manifeste à nous dans des objets vivants, et l'on peut appliquer à ceux-ci la notion de nombre. Comme d'autre part les objets vivants ne sont séparés pour nous que par les qualités de la forme, qu'ils répètent identiques ou différentes, tandis qu'ils sont au contraire réunis comme vivants par les propriétés de leur fonctionnement, il nous apparaît que dans l'esprit l'individu est l'unité de forme. Telle est la première définition à laquelle on pourrait se tenir; mais elle conflue avec d'autres retirées de considérations différentes pour former le concept banal qui n'a jamais été analysé avec assez de précision et duquel on extrait tantôt un sens et tantôt un autre, sans y prendre garde.

L'individualité, en effet, unité de forme, a aussi été considérée comme équivalente à la quantité de substance vivante capable de mener une vie indépendante, c'est-à-dire, puisque l'indépendance absolue avec le milieu n'est pas possible, une vie indépendante de toute autre substance vivante, une certaine sorte de vie effectivement séparée des autres vies dans l'espace et le temps. Remarquons tout de suite que la séparation dans le temps nous ramène à la génération; nous y reviendrons. En outre, avec la donnée de vie indépendante dans l'espace, il ne pourrait y avoir jamais, pour le savant informé des phénomènes, aucune individualité, et l'on devrait avoir le courage de renoncer à l'emploi scientifique de ce terme.

Laissons de côté la dépendance obligée avec le monde minéral quant à la respiration pour tous les vivants et quant à la nutrition totale pour les végétaux, et ne considérons que la liaison d'un être avec son aliment vivant. Elle est en apparence discontinue et accidentelle si l'on pense uniquement à la préhension chez les prédateurs, mais devient continue et permanente à mesure que l'on évoque graduellement les êtres de plus en plus parasites. C'est à ce point que, très justement d'ailleurs, Giard considère un être donné infesté de parasites comme formant avec eux un bion, c'est-à-dire un complexe vivant, unité supérieure pour laquelle il a raison de ne pas employer le terme d'individualité, mais qui est un multiple de l'unité de forme, tout comme un cormus est multiple du zoïte.

Voilà donc déjà enfermés dans le vocable d'individu deux concepts qui ne sont pas adéquats. Il y en a encore un troisième. La notion d'individualité est en effet très difficile à distinguer de celle de conscience et tous les faits qui, à partir du XVIIIe siècle, ont posé tant de problèmes à propos des animaux étaient depuis un temps immémorial connus pour les végétaux sans soulever la moindre difficulté. Il paraissait naturel que l'on pût, par une bouture ou une marcotte, reproduire la forme d'un végétal; on ne se doutait même pas que l'on avait fait deux individus au lieu d'un seul; on ne pensait pas qu'une forme de plante fût en même temps une individualité, tout simplement parce qu'on n'avait pas l'idée de lui supposer une conscience. L'aphorisme de Linné avait codifié ces intentions. « *Mineralia crescunt; vegetalia crescunt « et vivunt; animalia crescunt, vivunt et sentiunt.* » C'est eu égard à cette existence du sentiment que la greffe, si familière chez les végétaux, sembla paradoxale quand elle fut pratiquée sur les animaux et que les travaux d'Ollier, de 1857 à 1867, et ceux de Paul Bert en 1866 retirèrent tant d'éclat de cette extension.

Le terme d'individu renferme donc trois idées différentes suggérées toutes les trois par l'examen des phénomènes fréquents, c'est-à-dire par l'examen des animaux supérieurs, voisins de l'homme, très semblables à lui et qui pendant longtemps lui furent les seuls connus. Morphologique, physiologique et psychologique, chacune de ces idées est concordante avec les deux autres, dans les limites en question; elles constituent comme une gerbe bien liée qui semble un concept clair et parfaitement défini.

Mais dès que l'on en vint à étudier les formes animales inférieures, la gerbe se dénoua; les trois idées se dissocièrent et tous les efforts faits pour les réunir de nouveau se proposèrent pour but de résoudre le problème de l'individualité. On ne se douta pas un instant que le problème n'avait d'autre fondement que la disparité entre une construction de notre esprit et les phénomènes naturels; on voulut à toute force exprimer ceux-ci de façon qu'ils rentrassent dans celle-là. C'est comme si l'on voulait écrire sur un tableau en n'effaçant jamais; et, nous le répétons, l'homme admet bien d'effacer certaines lignes auxquelles il ne tient pas, mais il ne peut se décider à en effacer certaines autres où sont écrites les lois mêmes de son entendement.

Le problème de l'individualité fut effectivement posé à propos des vivants pour lesquels on doutait s'ils étaient des animaux ou des plantes, il fut donc abordé par le côté sentiment et conscience. En 1740, Trembley examinant à nouveau l'hydre d'eau douce déjà découverte par Leuwenhœk vit cet être vert et fixé comme une plante capturer des proies et les absorber comme un animal, mais bourgeonner aussi et se ramifier comme une plante. Afin d'avoir le cœur net de ce qu'il prenait pour des contradictions, il résolut de trancher la question en recherchant si l'être était ou non capable de se reproduire par bouture. Alors il coupa des hydres en long, en travers, en petits morceaux et vit chacun des fragments continuer à vivre et reconstituer la forme dont il avait été arraché.

Dans le même temps, en 1741, son ami Bonnet faisait des expériences analogues sur une petite annélide d'eau douce, le tubifex, considéré sans aucune ambiguité comme un animal. Coupant ce petit ver en plusieurs morceaux, il montra que chaque fragment se refaisait tantôt une tête, tantôt une queue, tantôt les deux. Le problème de l'individualité était posé, l'unité indivisible de forme, la conscience insécable échappaient au concept et la possibilité de vie indépendante restait toute seule, ne représentant plus alors rien que de paradoxal.

Plus tard, vers 1830, Dugès observa des planaires se divisant d'elles-mêmes par un étranglement transversal; le phénomène se répéta plusieurs fois, constituant ainsi une petite chaîne d'animaux tous semblables entre eux, qui finalement se séparèrent. Voici de quelle façon le problème de l'individualité apparut comme lié à celui de la génération avec lequel en vérité il se confond.

En 1819, Adalbert de Chamisso découvrit chez les salpes le phénomène qu'on a depuis appelé génération alternante. Les salpes sont des tuniciers pélagiques flottant en pleine mer; la forme générale de leur corps transparent est celle d'un tonnelet, et leur organisation interne, surtout si l'on en suit le développement, rappelle avec quelques dégradations celle des vertébrés. On connaissait des salpes solitaires dont la taille atteint 6 à 7 centimètres de longueur; Chamisso montra qu'il en existe d'autres, plus petites, agrégées en chaînes par dix ou vingt à la fois. La chaîne en question naît comme un bourgeon sur la salpe solitaire, le bourgeon s'allonge, en même temps que font saillie sur ses flancs d'autres bourgeons peu à peu différenciés en forme de salpes. En fait, il s'agit d'un seul organisme qui croît et subit diverses différenciations régionales, lesquelles répètent la forme salpe. Donc, reconnaître des salpes solitaires et des salpes agrégées est légitime, si l'on entend par salpe une certaine unité de forme, mais si l'on vient à dire qu'il y a des individus solitaires et des individus associés, on fait équivaloir exclusivement unité individuelle et unité formelle, en considérant comme insignifiantes l'unité de conscience et l'indépendance de la vie.

Un peu plus tard, en 1829, Sars, pasteur à Mauger près de Bergen, découvrit le cycle complet du développement pour les grandes méduses. L'un de ces animaux pond un œuf qui se développe en un organisme tout différent. Il donne, en effet, un petit polype appelé scyphistome, fixé au lieu d'être libre; puis par une sorte de bourgeonnement celui-ci produit des êtres analogues à de petites méduses qui se détachent les unes après les autres et finalement évoluent pour devenir semblables à la première méduse par laquelle nous avons commencé le cycle. Sars ne manqua point de comparer ce mode de développement avec celui qu'avait décrit Chamisso pour les salpes et il créa le nom de générations alternantes.

Lovén de Stockholm reconnut, en 1841, le processus sur des cœlentérés fixés. Leur forme primitive est un polype simple, puis elle se complique par une croissance irrégulière, portée tantôt sur un point et tantôt sur un autre, amenant çà et là des excroissances ou bourgeons qui finissent à leur tour par prendre la forme de polypes. En un point quelconque de l'être devenu rameux, un des bourgeons acquiert une forme légèrement modifiée qui, peu à peu, prend l'aspect d'une petite méduse dans l'intérieur de laquelle se différencient des éléments sexuels. Cette forme de méduse reste fixée sur l'être où elle fait saillie et en est alors comme un organe, ou bien devient libre et l'on ne manque pas alors d'y voir un individu, appellation déterminée dans ce cas par l'indépendance de la vie et par l'acquisition d'une conscience distincte. Ce n'est donc plus la même définition que tout à l'heure.

Si l'on veut prétendre cependant qu'il s'agit toujours de l'unité de forme et de cela seulement, que l'on considère l'alternance entre la forme polype et la forme méduse, pourquoi alors employer le mot individu qui ne veut pas dire exclusivement forme. Pourquoi, si ce n'est pour introduire subrepticement la notion de consciences séparées et de consciences confondues, d'êtres isolés et d'êtres réunis, d'association, de colonies, toutes métaphores qui insinuent faussement l'idée de rassemblement, de soudures, de fusion subséquentes à un isolement initial, tandis que le processus véritable est la division et la séparation poussées plus ou moins loin.

D'après les idées publiées par Steenstrup en 1847, il faut considérer qu'il y a, dans tous ces cas, deux générations à se suivre dont l'une est sexuée, par exemple dans le cas des salpes, la salpe solitaire, produisant des œufs qui vont se loger chacun dans une des salpes agrégées; celle-ci en est en quelque sorte la nourrice et en assure la nutrition et la dispersion. De même dans les colonies de polypes l'œuf est confié à la méduse qui l'emporte et ainsi de suite.

En 1847, P. J. van Beneden de Louvain introduisit pour désigner ces faits très importants la rubrique de digenèse voulant exprimer par là une particularité d'évolution et l'opposer à la monogenèse, mode ordinaire du développement des êtres. En ce dernier cas l'œuf, d'une façon continue, sans cesser à aucun moment de paraître un seul et même être, arrive à revêtir la forme de l'adulte. Dans la digenèse, au contraire, il semble que plusieurs générations se succèdent. L'œuf, issu d'un type A, donne naissance à un type B, très différent par la forme et qui paraît un individu différent en appuyant le concept seulement sur un de ses pieds, en n'y voyant que l'unité de forme. L'être B produit par bourgeonnement d'autres masses matérielles restant associées ensemble ou finissant par s'éloigner les unes des autres et reproduisant en tout cas la forme A.

Il y a donc alternance, tant entre les formes revêtues qu'entre les processus par lesquels elles se réalisent, le bourgeonnement dans un cas, la sexualité dans l'autre. C'est en faisant équivaloir ces deux modes différents que l'on arrive à sectionner en individualités tenues pour comparables la masse matérielle continue ou discontinue qui s'étend d'un œuf à un autre œuf.

Cette façon de concevoir les choses reçut, en fait, un nouvel appui par les découvertes des botanistes sur la reproduction des cryptogames vasculaires. En 1848, Lesczyc Suminsky examinant un prothalle de fougère, c'est-à-dire la petite lame verte qui résulte du développement de la spore et que l'on prenait encore à cette époque pour un cotylédon, y découvrit des anthéridies fournissant les anthérozoïdes, déjà identifiés avec les spermatozoïdes animaux chez les mousses par Unger, en 1837, et des organes spéciaux, plus tard dénommés archégones, hors desquels pousse une nouvelle fougère. La plante feuillée à laquelle on réserve d'ordinaire ce nom est donc une génération née d'un œuf. Elle produit à son tour des spores dans les petites taches jaunes situées au revers de ses feuilles et qu'on appelle des sporanges. Les spores sont des cellules germes qui, sans fécondation, se développent non en une fougère mais en un prothalle sexué à partir duquel recommence le cycle.

En 1849, Hofmeister établit le parallèle d'une part entre la tige feuillée de la mousse et le prothalle des fougères comme génération sexuée et d'autre part entre la tige feuillée des fougères et le sporogone, petit filet qui croît à la cime des mousses et porte à son sommet une capsule remplie de spores.

Chez tous les cryptogames vasculaires on trouva les mêmes phénomènes. Il y a donc alternance régulière entre une génération sexuée et une génération asexuée. On compara sans hésiter le fait à ce qu'on connaissait déjà chez les animaux inférieurs ; mais le parallélisme est moins précis qu'on ne l'a cru et fait plutôt surgir une difficulté de plus. Chez les plantes, en effet, il y a bien deux générations réelles et diverses, commençant toutes les deux à un germe cellulaire, l'une à un œuf l'autre à une spore. Chez les animaux il n'en est point de même. La forme née de l'œuf donne par la voie du bourgeonnement, c'est-à-dire par un mode très banal de la croissance, les unités de forme réunies ou dissociées que l'on compare à la génération issue chez les plantes d'une spore, élément singulièrement mieux défini et plus précisément qu'un bourgeon.

Cependant, en 1851, Leuckart fit ressortir l'intéressante diversité qui survient entre les différentes unités de forme réunies en un même amas par le fait qu'elles sont nées de bourgeons. Quoique réductibles, en effet, à la même forme type, les bourgeons d'un cormus, suivant leur place, revêtent des apparences quelque peu variées qui leur permettent de jouer des rôles spéciaux dans la vie de l'ensemble. C'est ainsi, par exemple, que dans un siphonophore, certains polypes, courts, gros et munis d'une large bouche absorbent les aliments capturés et les digèrent ; d'autres, très allongés, chargés de cellules urticantes, battent l'eau ambiante, saisissent les proies vivantes qui passent au voisinage, les tuent avec leur venin et les introduisent dans les précédents ; d'autres encore élaborent les éléments génitaux, ce sont les bourgeons médusoïdes capables de se détacher comme un fruit et de flotter libres pendant quelque temps.

Les parties différenciées qui concourent ainsi toutes ensemble à assurer la vie commune peuvent être traitées comme les organes d'un même corps, à moins que, frappé par leur équivalence formelle, on ne leur attribue à chacune une égalité originelle et une individualité, surtout si l'on pense que chacune de ces formes peut en effet dans d'autres circonstances vivre librement. L'organisme total sera pris en ce cas pour une association de personnes entre lesquelles est divisé le travail physiologique, comme la chose a lieu dans les sociétés humaines pour le travail industriel.

De Quatrefages en 1855 se rendit compte des particularités offertes par les phénomènes de génération alternante chez les animaux. Il fut surtout frappé du fait que dans ce cas l'œuf, repère précis pour commencer à suivre une évolution, ne donne point naissance à un seul individu mais, au contraire, à une multitude et à toute une génération. Il avait pour traduire ce fait créé le terme de généagenèse et l'individu, tel qu'il le concevait, était surtout caractérisé par l'indépendance de sa vie, par la séparation d'avec les autres fragments issus comme lui du même œuf La question de forme n'intervenait que médiocrement dans son étonnement fondé surtout sur la multiplicité des masses libres.

Dès 1851, Huxley avait bien vu tout ce que la notion d'individualité renfermait de difficultés inextricables en raison même des acceptions différentes où l'on était induit tantôt par la forme, tantôt par le fonctionnement, tantôt par la conscience sans que l'on y prît assez garde. Une définition précise était indispensable ; elle devait englober tous les faits et par convention unanime s'appliquer à tous les cas.

Pour y parvenir, Huxley introduit un quatrième concept, l'unité de germe. Il appelle individu toute masse matérielle issue d'un œuf et tant qu'un autre œuf n'est pas venu interrompre la série des phénomènes. Il distingue nettement de l'individu l'unité de forme qu'il appelle un zoïte. Ceux qui naissent directement de l'œuf sont des oozoïtes, ceux qui se produisent par bourgeonnement au cours de la vie sont des blastozoïtes. Leur somme constitue un individu. La définition de celui-ci renferme sans peine le concept banal retiré des êtres supérieurs ; mais elle remplace par d'autres les difficultés auxquelles conduit l'étude des êtres inférieurs.

L'individualité chez les êtres inférieurs ne contient plus comme nécessité la continuité de substance, conception plus conforme à la réalité des faits et pas plus choquante, en somme, que la coalescence des individualités dont elle est l'inverse. D'ailleurs il est impossible sur cette question de ne pas heurter la connaissance banale et c'est en voulant s'astreindre à ne pas le faire que l'on reste empêtré dans les difficultés. Les personnes non cultivées auront incontestablement de la peine à se figurer tous les saules pleureurs de France comme formant ensemble un seul individu. Cela est pourtant conforme à la définition d'Huxley, puisque le premier pied de cette plante apporté étant monosexué ne put être reproduit par graine et que tous les autres en sont dérivés par boutures.

L'unique solution définitive serait d'écarter le concept d'individualité des préoccupations scientifiques, de reconnaître comme distinctes l'unité de forme, l'unité de vie, l'unité de conscience et l'unité de germe, de ne pas s'étonner en les trouvant tantôt concordantes et tantôt discordantes puisqu'aussi bien ce sont des abstractions diversement fondées. Une fois de plus nous voyons la réalité échapper à nos nomenclatures.

Tous les savants ne peuvent se résoudre à traiter comme un problème métaphysique et relatif à la connaissance les difficultés résultant de ce que les vieux concepts n'enferment plus les phénomènes nouveaux. Quelques-uns persistent à combiner ces phénomènes de façon à les plier dans les cadres anciens de l'individualité.

L'édification de la théorie cellulaire avait par son grand succès habitué les esprits à regarder un être complexe comme une somme de cellules, êtres très simples par la forme et par la structure, lesquels en certains cas peuvent mener une vie libre en tant que protozoaires isolés. C'était déjà une conception polyzoïque des vivants, c'est-à-dire qu'elle considérait une individualité comme l'agrégat d'individualités d'ordre inférieur. Par cette interprétation bien ébranlée aujourd'hui, les esprits se trouvèrent en même temps préparés à mieux comprendre des idées antérieurement émises par Moquin-Tandon et Dugès.

Le premier, en 1827, avait remarqué que le corps des hirudinées ou sangsues est décomposable en un certain nombre de tranches transversales ou anneaux; chacun de ceux-ci possède un ganglion de la chaîne nerveuse, un organe excréteur, une paire de poches intestinales, exactement comme celui qui le précède et celui qui le suit. De telle façon que la sangsue totale apparaît comme une somme d'unités semblables entre elles, chacune de celles-ci ayant tous les organes tels qu'on les trouve dans un être capable de vivre indépendant. Par la rencontre de l'unité de forme et de la possibilité d'indépendance on évoque l'individualité ; et de cette association naît la conception du zoonite, petit animal composant du premier.

En 1830, Dugès généralisa la théorie en l'appliquant à tous les animaux. Sa doctrine peut tenir dans les quatre propositions suivantes résumées par Edmond Perrier : 1° Tout animal supérieur est composé d'un certain nombre d'organismes plus simples, de zoonites. 2° Les zoonites constituant un animal peuvent se grouper, soit en une série linéaire unique, soit en deux séries alternes ou symétriques, soit en couronne autour d'un axe, soit d'une façon tout à fait irrégulière. Chez un même animal ces divers modes de groupement peuvent être combinés entre eux. 3° Dans un même animal les zoonites peuvent présenter des formes diverses, se partager, se distribuer le travail nécessaire au maintien de leur collectivité. 4° Les zoonites ou les organes qui les composent peuvent présenter plusieurs degrés de fusion, de manière qu'il devient souvent impossible de déterminer leur nombre ou leurs limites.

La théorie des colonies animales est tout entière dans ces quatre propositions, jusques et y compris le terme de fusion employé pour exprimer les cas où les zoonites sont moins distincts, terme qui préjuge d'une séparation antérieure plus profonde, qui substitue l'idée de rassemblement à celle de séparation et la métaphore d'association à la réalité qui est dissociation.

Lacaze-Duthiers professa lui aussi cette thèse vers 1865 et l'un de ses élèves, Edmond Perrier, la restaura en 1881 comme théorie des colonies animales en y faisant rentrer les phénomènes de génération alternante, découverts depuis les travaux de Dugès.

En introduisant cette dernière notion, on semble opposer deux modes de génération, l'ovogenèse et la blastogenèse, et considérer deux types d'individualités, le blastozoïte et l'oozoïte, caractérisés par leur origine. Le bourgeon paraît un début d'individualité au même titre que l'œuf. Au fond il n'en est rien, c'est la seule unité de forme, à laquelle on aboutit dans un cas et dans l'autre, qui fait attribuer aux ébauches la même valeur d'individu naissant. La preuve c'est que chez certains tuniciers (Diplosomides, Didemnides) chaque blastozoïte débute par deux ou trois bourgeons d'abord isolés, ultérieurement confluents; on devrait dire, si vraiment le bourgeon a droit à l'individualité, qu'il y a deux ou trois individus confluents. On ne le dit pas parce qu'on se règle sur l'unité de forme. C'est là toute la définition, il est inutile de parler de générations alternantes.

La théorie des colonies animales d'autre part au lieu de croire les individus nés d'un œuf susceptibles d'être décomposés en zoïtes les traite en composés de zoïtes. Or le zoïte est, ainsi que nous l'avons dit, l'unité de forme dans l'espèce et cela seulement. On y associe comme nécessairement connexe l'idée de vie indépendante parce que celle-ci est ordinairement réalisée sous l'unité de forme, c'est-à dire que l'on glisse une règle de fréquence, une loi statique, dans un ensemble de phénomènes étudiés cinématiquement. On construit l'individualité en ajoutant avec l'esprit les caractères qui manquent dans les faits eux-mêmes. Après cela on oppose la nécessité subjectivement introduite aux réalités de vie indépendante ou confondue, on en retire l'idée de conscience tantôt isolée, tantôt subordonnée dans une autre d'ordre plus composite.

La théorie applique en outre aux phénomènes ainsi interprétés l'explication que Dugès avait déjà proposée pour les êtres linéairement segmentés. Ces derniers en effet étant formés par la répétition de parties semblables auxquelles Hæckel a donné le nom de métamères, on veut voir en ceux-ci, dans l'unité de la forme totale, des unités inférieures de forme, comparables entre elles, et, comme la forme est le seul fondement objectif qui définit le zoïte, on assimile le métamère et le zoïte. Le zoïte étant parfois un individu véritable, on a d'abord appelé individus tous les zoïtes et l'on attribue maintenant le même nom aux métamères. C'est une extension que rien ne légitime; le passage de l'ordinaire au nécessaire était déjà fortement hypothétique, mais si l'on fait entrer dans le même compte les métamères et les zoïtes, l'individualité complète n'est plus vraie qu'un nombre de fois très petit par rapport au nombre total des cas. L'exception dicte alors la nécessité.

A la rigueur, cela pourrait être vrai; mais plus la conclusion est inattendue et plus il convient de l'établir solidement. Pour employer le mot de colonie, pour justifier celui d'association, pour légitimer les comparaisons avec les sociétés, une preuve formelle est exigible. Il faut pouvoir citer, ne fût-ce qu'un seul cas, où des zoïtes d'abord séparés se rassemblent, où des métamères indépendants viennent confluer. On ne le peut pas. Cela n'a jamais été vu et la critique porte aussi bien d'ailleurs sur le prétendu rassemblement d'unités cellulaires afin de constituer les corps vivants. Le processus général est la division, la fragmentation poussée plus ou moins loin : toutes notions contraires à l'idée précédente. La métamérisation est un processus très ordinaire et très important dans la complication de la forme et nous avons essayé d'en interpréter différemment la signification (1).

1. Voir page 121.

CHAPITRE V

La préformation, la prédestination, la prédétermination contre l'épigenèse et l'isotropie.

Sommaire. — Difficultés pour imaginer l'épigenèse. — La spécificité des feuillets embryonnaires. — La prédestination des diverses parties de l'œuf. — Évolution des fragments d'œufs sans noyau — Prédétermination ou spécificité chimique.

La préformation est une idée qui éclot dans l'esprit humain avec la plus grande facilité. C'est celle qui lui demande le moins d'efforts et qui met en œuvre le plus banal fonctionnement de l'imagination. Elle réclame simplement que l'on puisse concevoir un rapetissement des choses à expliquer jusqu'à les amener telles quelles au delà de la visibilité.

La notion d'épigenèse introduite en morphologie par Gaspard Frédéric Wolff en 1758 est au contraire très ardue. Elle exige en effet qu'on se représente une chose déterminée comme construite à l'aide de matériaux tout à fait différents de ce qu'elle est. L'imagination n'a plus alors à retirer des données visuelles qu'un secours incomplet ; elle doit faire effort pour évoquer des souvenirs analogues et n'y trouve pas de ressemblance suffisamment précise pour se satisfaire.

Quand des arbres, des rochers, de la terre glaise deviennent une maison, il y a véritable épigenèse; mais l'on sait qu'aux matériaux s'est ajoutée de l'activité humaine et l'on n'est pas surpris. S'il faut, au contraire, comprendre comment un germe, de l'eau, de l'air, des substances minérales diverses deviennent une plante, on ne voit plus dans ce phénomène quelle part correspond à l'activité humaine du cas précédent. On ne comprend plus, et comme le germe est toujours nécessaire, on tend à mettre toute la nécessité sur lui et en lui. Le reste ne lui est qu'occasion, prétexte, milieu. C'est tout ce qu'il y a de plus arbitraire, puisqu'enfin l'oxygène, par exemple, n'est pas moins nécessaire que le germe, et que l'on pourrait raconter l'histoire en faisant de lui le héros principal.

La difficulté qu'éprouve l'esprit humain à concevoir sincèrement l'épigenèse se traduit dans les luttes qui se sont poursuivies jusqu'à nos jours sur toutes les questions et à tous les propos où doit intervenir cette notion. Lorsque l'idée fut professée par tous les embryologistes relativement à la transformation générale de l'œuf, simple cellule, en un embryon qui pouvait être très complexe, elle fut de suite limitée par une nouvelle barrière.

Ainsi que nous l'avons dit (page 118), les premiers efforts des embryologistes tendirent à faire reconnaître dans l'évolution première des œufs l'apparition de deux ou trois lames cellulaires superposées que l'on appelait des feuillets. Le feuillet extérieur ou ectoderme donne naissance d'ordinaire au système nerveux, aux organes des sens et aux éléments cutanés; le feuillet moyen ou mésoderme produit les masses musculaires et les organes génito-urinaires ; le feuillet interne ou endoderme, l'appareil digestif et ses diverses glandes annexes.

Voilà ce qui se passe le plus souvent. L'esprit statique substituant, comme d'habitude, la notion de nécessité à celle de fréquence, construisit le concept de la spécificité des feuillets, de telle sorte que si l'embryon n'était plus tout formé dans son germe, du moins ses organes étaient qualifiés d'avance dans les lames indifférentes en apparence qui constituent l'ébauche embryonnaire. L'examen des faits conduit-il vraiment à repousser ainsi l'épigenèse hors des phénomènes conduisant du feuillet à l'organe?

Quand un insecte subit sa métamorphose, sa peau, ses muscles, son tube digestif sont détruits et refaits en partant de groupes cellulaires longtemps indifférenciés que l'on appelle les disques imaginaux. Ceux qui refont la peau sont ectodermiques, ceux qui refont le tube digestif sont endodermiques, et ceci est d'accord avec l'idée de spécificité des feuillets; mais les disques réparateurs des muscles, d'après Ganin et van Rees, sont ectodermiques. Il est vrai que Kovalewsky les considère comme formés par des cellules mésodermiques. Si ce point de fait a passionné les histologistes c'est qu'il met en cause l'épigenèse dans le premier cas, la prédestination dans le second.

Le débat sur la spécificité des feuillets a redonné de l'actualité aux vieilles expériences de Trembley sur l'hydre d'eau douce. Nous avons déjà parlé de celles qu'il fit pour y reconnaître le bouturage et la réparation de la forme aux dépens de petits fragments. Il avait aussi retourné des hydres en introduisant dans le sac dont elles se composent un fil sur lequel il faisait ensuite un nœud, puis, tirant avec précaution, il retournait l'animal comme on peut le faire pour un doigt de gant. L'hydre, au dire de Trembley, continuait à se porter très bien, et, d'après cela, les feuillets n'auraient pas été spécifiques, puisqu'ils pouvaient être intervertis l'un avec l'autre sans inconvénient.

Nussbaum, ayant repris ces expériences, conclut que

la substitution d'un feuillet à l'autre est dans ce cas plus apparente que réelle et que les cellules ectodermiques, provisoirement internes, émigrent par la bouche et par le trou de la soie, s'étalent sur la surface extérieure en petits îlots, qui peu à peu prolifèrent et confluent, remettant en somme l'ectoderme à l'extérieur et l'endoderme à l'intérieur.

Ishikawa, savant japonais, croit aussi que l'hydre se retourne spontanément, mais il figure un retournement en totalité différent de celui qu'avait décrit Nussbaum.

La spécificité des feuillets que ces expériences paraissent affirmer est d'ailleurs contredite si l'on compare le développement des organes dans un tunicier né d'un œuf, ou oozoïte, et dans un blastozoïte produit sur le premier par bourgeonnement. Un bourgeon est à l'origine composé par une vésicule à double paroi dont l'extérieure dérive ordinairement de l'ectoderme et l'intérieure de l'endoderme. Mais, d'après Hjort, la famille des botryllidés fait exception à cette loi et les deux vésicules emboîtées sont l'une et l'autre d'origine ectodermique; il y a véritablement épigenèse sans dérivation spécifique des feuillets antérieurement construits. Le processus épigénétique se manifeste d'une façon régulière pour bien d'autres organes; ainsi la cavité péribranchiale, qui chez l'oozoïte provient d'un double plissement ectodermique, est formée chez le blastozoïte par deux replis endodermiques. De même pour le système nerveux qui dérive de l'ectoderme dans un cas et de l'endoderme dans un autre. Voilà donc des circonstances indiquant nettement que l'épigenèse est la loi fondamentale et que la spécificité n'est qu'un aspect usuel et très fréquent des choses sans qu'il soit en rien fondamental et nécessaire.

C'est encore l'opposition entre les notions d'épigenèse complète et celle de prédestination qui donne leur intérêt aux observations que nous allons rapporter. Un certain nombre d'auteurs tels que W. Roux, Weismann et d'autres admettent volontiers qu'à chaque partie du corps, dans le futur embryon, correspond dans l'œuf une substance particulière localisée en une région définie ; autrement dit, pour eux, l'œuf n'est pas isotrope ou équivalent en puissance dans toutes ses parties, qui seraient alors incapables de se suppléer les unes les autres.

En 1886, Bard avait déjà fait remarquer que toutes les cellules du corps proviennent de l'unique cellule œuf par des bipartitions répétées, en sorte que le processus morphogénique fondamental peut se traduire par une sorte d'arbre à ramification dichotome. En jetant les yeux sur un pareil graphique, il semble qu'on y doive voir quelle cellule ou blastomère du stade où l'œuf n'en avait encore donné que deux, quatre ou huit, est en quelque manière la source ou l'origine de tout ce qui en est dérivé. On croirait à priori volontiers que si l'on avait, dans un de ces stades précoces, supprimé une des cellules on aurait en droit supprimé tout ce qui en est dérivé dans la suite en fait.

C'est la même sorte de représentation intellectuelle qui, suivant l'ingénieuse remarque du docteur Gustave Le Bon, pousse tant d'hommes à croire que si l'on captait la source d'un fleuve il ne coulerait plus d'eau dans celui-ci, ce qui est une idée manifestement ridicule. Un blastomère, ou même un œuf, représente dans l'existence de certains tissus ou du vivant tout entier une condition donnée plus nécessaire mais de même sorte que la source dans l'existence d'un fleuve. Sans elle ce dernier commencerait un peu plus loin. Mais, dans un cas et dans l'autre, il existe bien d'autres nécessités ; c'est tout le milieu nutritif pour le vivant, c'est pour le fleuve l'eau ruisselant sur les flancs de la vallée au fond de laquelle il va courir.

En fait, cependant, quelques observations laissent croire que les tissus du corps ont dans les blastomères une source qu'il suffit de tarir pour les supprimer. Chabry le premier, par des dispositifs très ingénieux, réussit à crever pendant la segmentation de l'œuf un blastomère sans léser les autres, il opérait sur des œufs de tuniciers. En supprimant un blastomère du stade 2 il n'obtint, par le développement ultérieur, qu'un demi-embryon; en détruisant un blastomère du stade 4, il n'obtint que trois quarts d'embryon. L'œuf semble donc avoir deux moitiés différentes, dans lesquelles les deux moitiés du corps sont déjà spécifiées, et même quatre quarts différents dans lesquels quatre parties du corps sont très nettement prédéterminées.

En 1888, W. Roux observa des résultats identiques sur les œufs de grenouille et, en détruisant avec une aiguille chaude un blastomère du stade 2, ne vit se développer qu'un demi-embryon. Il y aurait donc dans l'œuf anisotrope sinon préformation, du moins prédestination, et l'épigenèse ne présiderait point aux premiers phénomènes du développement.

Cependant d'autres expériences sont venues restreindre la portée des précédentes et faire comprendre que si chaque blastomère possède en quelque façon une spécificité de fait, résultat ordinaire des conditions moyennes, celle-ci n'est pas une spécificité fondamentale. Si la spécificité d'usage est parfois conservée malgré les troubles expérimentaux, comme chez les tuniciers ou chez les batraciens, le cas est exceptionnel et, dans bien d'autres, l'œuf est parfaitement isotrope. En 1892, en effet, E. Wilson isola sur des œufs d'amphioxus un blastomère aux stades 2, 4 ou 8 et obtint avec lui, c'est-à-dire avec la moitié, le quart, ou le huitième de l'œuf, une gastrula complète dont la taille seulement était la moitié, le quart ou le huitième de la gastrula ordinaire.

Driesch, en 1892 et 1893, conduisit jusqu'à la forme, déjà compliquée, de larves pluteus des embryons d'oursins obtenus avec un, deux ou trois blastomères du stade 4. Enfin Morgan, en 1893, produisit un embryon complet de poisson avec un seul blastomère du stade 2, c'est-à-dire avec la moitié de l'œuf.

Mais l'on a, dans cette voie, obtenu mieux encore. En 1887, O. et R. Hertwig avaient remarqué que des spermatozoïdes introduits dans des fragments d'œufs d'oursins privés de leur noyau opéraient la fécondation et faisaient commencer le développement. On met dans un tube des œufs d'oursins avec un peu d'eau de mer; en agitant on fragmente les œufs en morceaux, certains des fragments conservent le noyau, d'autres en sont dépourvus et c'est la segmentation et le développement de ces fragments qui est en question.

En 1895, Boveri reprit ces expériences et conduisit l'évolution jusqu'au stade pluteus. On ne considère même plus dans ces cas un quantième déterminé de l'œuf, mais bien une portion quelconque, qui même, étant privée de noyau, ne contient sûrement pas sa part de toutes les substances de l'œuf. La notion d'épigenèse est donc remise à flot par ces expériences multiples et variées.

Cependant les préformistes ne renoncent pas à revenir à la charge par une autre voie. Les idées de A. Gautier et de Le Dantec sur la spécificité chimique des êtres sont un nouvel avatar de l'ancienne thèse de préformation devenue prédétermination. Ces auteurs ne cherchent plus un substratum morphologique pour y fonder le concept d'espèce, tenu pour une réalité, ils appuient celui-ci simplement sur la composition chimique de la substance vivante, d'après eux expressément définie pour chaque cas, et contenant en elle, en raison seulement de cette caractéristique, toute la forme à venir. La nécessité des phénomènes est toujours située dans l'être lui-même et dans ses propriétés seules en faisant, quoi qu'on en dise, abstraction de son dynamisme qui devient un ensemble de simples gestes physico-chimiques.

La même façon de construire les idées empêche aussi de concevoir la conscience comme susceptible d'être intégralement créée, épigénétiquement produite par le fait exclusif des arrangements nouveaux et des complications survenues et pousse à la fragmenter en parties atomiques pour attribuer un atome de conscience à chaque atome de matière. L'atomisme est du reste, comme nous l'avons montré déjà, le signe qui permet de reconnaître tous les édifices statiques. Ils finissent toujours par en être couronnés quels que soient les autres ornements dont on ait pu décorer leur façade en cours de construction.

La question de préformation et d'épigenèse est encore celle qui se débat sous le couvert des discussions relatives à la personnalité des anses chromatiques au cours des divisions cellulaires, au cours de celles en particulier qui coexistent avec la maturation des éléments génitaux et que l'on désigne encore, en raison d'autres apparences associées, sous le nom d'expulsion des globules polaires ou de réduction chromatique. Nous parlerons plus utilement de ces phénomènes en indiquant les travaux tout récents sur la fécondation.

LIVRE VI

ORIENTATION ACTUELLE DE LA SCIENCE

SOMMAIRE :

CHAPITRE I

La diversité des esprits dans le courant général des recherches.

Sommaire. — L'orientation générale est dynamique et l'on place hors des vivants l'explication de la vie. — Diversité permanente des esprits sous l'uniformité du langage. — Les abstractions statiques de Le Dantec. — Multiplicité des recherches, ingéniosité des techniques. — Hardiesse des comparaisons entre la vie et la non vie.

Si l'on cherche à se rendre compte du sens dans lequel se développe la science actuelle, caractérisée par ses travaux les plus remarqués et par les sujets qui suscitent au plus haut point l'activité des chercheurs, on reconnaît un manifeste courant dynamique. Ce n'est pas à dire évidemment que tous les esprits aient été d'un seul coup transformés et uniformisés; mais, à notre époque plus qu'à toute autre, les rapides communications scientifiques, les multiples échanges d'idées entre les travailleurs, du reste plus nombreux, constituent un milieu de pensées et de préoccupations communes, répandues par une terminologie qui se diffuse rapidement et que tous sont plus ou moins tentés d'employer.

Il y a, si l'on nous permet le mot, une mode intellectuelle, sous le vernis général de laquelle on distingue encore cependant par leurs qualités particulières les diverses sortes d'esprits, et quoique habillées de même toutes les pensées ne se ressemblent pas.

Nous avons déjà fait voir, dans les théories de Weismann, savant très informé des découvertes actuelles, une construction véritablement statique. Les interprétations qui se sont inspirées de la sienne se rangent facilement dans le même groupe.

Il est plus curieux de montrer cette forme de pensée chez un écrivain où on la reconnaît moins au premier examen. En divers ouvrages, publiés depuis une dizaine d'années, Le Dantec fait les plus consciencieux efforts pour se montrer dynamiste. Il y réussit vraiment dans les parties didactiques de son œuvre, dans lesquelles il expose avec un talent consommé et une fraîcheur nouvelle les idées courantes sur les qualités physico-chimiques des réactions vitales. Il y réussit encore dans les parties critiques, par lesquelles il combat avec beaucoup de perspicacité et de précision les interprétations statiques de pure morphologie. Mais quand il crée, quand il construit ses propres idées, il montre une personnalité statique aussi manifeste que celle de Weismann et de Cuvier.

Tout d'abord, il croit à la substance vivante et qu'il est permis de la caractériser par une propriété la distinguant absolument des corps bruts. C'est la propriété de l'assimilation fonctionnelle. Dastre discute avec lui pour savoir si l'assimilation est fonctionnelle ou non fonctionnelle ; mais il faut évidemment se préoccuper de définir expressément les cas où le protoplasme est dans un état fonctionnel.

De même que, pour employer une comparaison, un professeur ne saurait dire s'il fonctionne quand il débite sa leçon ou quand il la prépare, ou même quand il se repose pour assurer le tassement des idées et que pourtant le vulgaire ne compte comme travail que les heures du cours, de même les physiologistes entendent d'ordinaire comme fonctionnement pour la glande, par exemple, le moment où elle sécrète, pour le muscle, le moment où il se contracte et ainsi de suite. Dans ces cas, il semble bien évidemment que l'assimilation ne soit pas fonctionnelle, ainsi que le veut Claude Bernard.

De son côté, Le Dantec pense que le fonctionnement c'est la vie manifestée et certainement alors l'assimilation est fonctionnelle, puisqu'elle est vitale ; mais l'excrétion aussi et au même titre ; elle devrait tout autant être mise en vedette. Elle l'est bien en réalité dans l'équation que l'auteur emploie pour préciser sa pensée :

$$a + Q = \lambda a + R$$

mais elle ne l'est pas dans le discours. La vie, c'est en réalité l'assimilation et l'excrétion fonctionnelles. Alors, en supprimant l'abstraction où Le Dantec nous entraîne, la vie ne se trouve plus définie du tout.

Que fait donc une tache de rouille sur une barre de fer, si ce n'est de croître, d'assimiler aux dépens du milieu ambiant et d'y rejeter des déchets. Tout corps qui se constitue assimile, croît et excrète. La différence avec le vivant ne sera jamais qu'en ceci : nous pouvons faire commencer le phénomène dans un cas, nous ne pouvons pas le faire commencer dans l'autre sans prendre d'abord de la substance vivante toute faite. La seule caractéristique des vivants est une ignorance de notre part à leur endroit ; ce n'est point un critère objectif.

A la suite de cette grande discontinuité que Le Dantec crée par abstraction à la mode des statiques, il se rapproche d'eux encore par la netteté et la vigueur avec laquelle il classe, distingue et catégorise. Il y a la vie du métazoaire ; il y a la vie élémentaire, la vie élémentaire manifestée, la vie élémentaire latente, la condition n° 1, la condition n° 2, la condition n° 3, comme si les mots n'étaient point assez capables de créer une discontinuité propre à le satisfaire et que les nombres seuls pussent atteindre ce but.

D'ailleurs, l'opposition qu'il crée entre la vie du métazoaire et celle du protozoaire repose sur une illusion dans laquelle il se complaît.

« Prenons, dit-il, pour l'étudier une cellule de levure de bière » ; et tous ses lecteurs entraînés par la logique serrée de son style croient qu'il étudie vraiment une cellule de levure, alors qu'il raconte les phénomènes qui se passent dans une cuve. Or, une cuve de levure n'est pas un protozoaire, c'est un mésozoaire ; l'excrétion de l'acide carbonique et de l'alcool est le résultat global de sa vie comme celle de l'urée ou de l'acide carbonique dans le métazoaire. La croissance en poids de l'une ou l'autre masse matérielle suit la même loi et si l'on ne peut pas conclure de la vie totale chez le métazoaire à la vie cellulaire, pourquoi le peut-on dans le cas de la cuve ? Pour la raison peut-être que, dans cette circonstance, les cellules sont toutes semblables entre elles et qu'elles ne le sont pas dans le métazoaire compliqué.

La ressemblance est plus apparente que réelle ; les cellules profondes, les cellules superficielles, les cellules jeunes, les cellules vieillies, celles qui contiennent des ascospores ne sont pas toutes dans le même état et il n'y a point de raison pour attribuer indifféremment à chacune sa petite part exactement divisée du phénomène total. Le faire est déjà entrer dans la voie de l'atomisme le plus grossier. Pourquoi aussi croire que chaque cellule fonctionne uniformément tout le temps. N'a-t-elle pas des alternatives de suractivité et de repos relatif, et qui sait si ce n'est pas dans son repos qu'elle assimile et dans son activité qu'elle détruit.

A l'analyse de la première idée, le fondement de toutes les autres, nous apercevons la décomposition arithmétique des phénomènes qui procède directement des conceptions statiques et qui se poursuit dans la spécificité chimique, dans les constructions précises et compliquées sur la polarité sexuelle et dans beaucoup d'autres parties de cette œuvre parfaitement logique dont nous avons vu tant d'autres types. En sorte que l'euphrasie dynamique n'est qu'un vêtement conventionnel dans lequel se drape l'originalité statique.

Ce bref exposé suffit à montrer qu'aujourd'hui, comme à toutes les époques, la nature des esprits joue le rôle capital dans la discussion des problèmes généraux et dans la construction des théories simples et précises qui prétendent enfermer la complexe réalité. Mais, plus qu'en aucun temps, l'investigation dans le domaine des faits relève des résultats qui déroutent les formules.

Lorsque, au siècle dernier, on découvrit les phénomènes connexes de l'électricité et du magnétisme, on en retira pour les sciences naturelles à la fois des moyens d'exploration nouveaux et des interprétations permettant de se faire une image du vieil influx vital moins isolée et plus rattachée aux agents physiques. Aujourd'hui, les données de la physique, bien qu'incomplètes encore, sur les radiations, sur les corps radio-actifs, sur l'osmose et la cryoscopie, les travaux entrepris pour déceler la structure chimique des albuminoïdes ouvrent autour des phénomènes naturels des horizons insoupçonnés et sèment dans beaucoup d'esprits l'impression que le moment n'est pas à la construction de théories pour résumer le passé. Il semble au contraire qu'une ère nouvelle d'inconnu commence et que la parole soit d'abord et surtout à l'expérimentation.

Sans doute, en une période pareille, où les

savants sincères ont l'intuition que tant de données vont être renouvelées, la marche de la découverte n'est guère méthodique; c'est comme une ébullition confuse dont on ne peut encore prévoir le résultat.

Dans le domaine des sciences biologiques, les expériences se croisent déconcertantes. A celles qu'ont faites jusqu'ici les physiologistes pour arriver à connaître les fonctions dans leur essence la plus abstraite, et dégagées tant qu'il se peut de la forme, s'ajoutent celles qu'entreprennent les zoologistes et les botanistes pour essayer de comprendre la forme même, son existence, sa complication progressive. L'édification d'une morphologie expérimentale occupe de nombreux savants; un recueil s'est fondé pour publier exclusivement les mémoires relatifs à la mécanique du développement. Il faut un volume pour donner chaque année une analyse en quelques lignes des mémoires parus dans cet ordre d'idées. Aussi nous nous bornerons à en signaler quelques-uns comme exemples pour essayer de suggérer une idée claire des questions qui se posent, des énigmes qui surgissent, et de la hardiesse nouvelle des préoccupations biologiques soutenue par une croissante ingéniosité technique.

Tout récemment, en 1901, Jolles soumet diverses matières albuminoïdes à l'oxydation par le permanganate de potasse en milieu acide, et par cette simple réaction chimique arrive à produire de l'urée. Cette expérience de laboratoire réalise artificiellement la substance la plus importante dans les déchets organiques, d'une façon conforme à toutes les prévisions qui considèrent le résultat final de la vie, ainsi que l'avait déjà deviné Lavoisier, comme une oxydation analogue à la combustion, quoique sans doute plus complexe.

Comment se rendre compte des régions où se produisent dans le corps les oxydations les plus actives? Les observations de Gautier et d'Ehrlich entament le problème par un ingénieux procédé. Si l'on injecte dans le sang d'un animal des substances colorées, telles que l'indigo, le bleu d'alizarine ou de céruléine, qui se décolorent en absorbant l'hydrogène et par suite dans les régions où se trouvent les tissus les plus puissamment réducteurs, on constate une décoloration dans la substance blanche du cerveau et de la moelle, dans les nerfs, les muscles, les cartilages, le foie, l'écorce des reins et le parenchyme pulmonaire. Les liquides au contraire restent bleus dans le sang, dans la lymphe, sur les nerfs périphériques, dans les synoviales, dans les ganglions lymphatiques, dans le pancréas, les glandes salivaires, les glandes à mucus et la partie centrale des reins. Le pouvoir réducteur est donc variable avec le tissu et semble en rapport avec les phénomènes d'assimilation dont il est le siège.

D'autre part, les études de bactériologie sur les toxines et les antitoxines ont trouvé le plus large emploi dans l'interprétation des événements qui se passent au sein des organismes compliqués. Pour indiquer seulement ce qui intéresse les qualités usuellement retenues par les zoologistes, on a compris de cette façon les glandes à venin, car les venins sont chimiquement et physiologiquement identiques aux toxines. Les glandes qui les produisent sont des organes excréteurs et le produit de l'excrétion, au lieu d'être rejeté sans précaution, est mis en réserve et trouve un emploi dérivé dans la défense de l'organisme ou dans la capture des proies nécessaires pour l'alimenter.

Les pigments, jusqu'ici examinés seulement pour les qualités différencielles qu'ils signalent à la vue et qui permettent de classer les êtres dans nos catalogues, notamment de distinguer les espèces parmi les lépidoptères, sont au même titre que les venins des substances excrétées par les organismes. Ceux-ci n'arrivent pas à s'en débarrasser tout à fait et doivent les supporter tels quels sur eux, s'y accoutumer et, suivant les circonstances, tirer parti de la protection qu'ils leur donnent en les confondant avec le milieu où se passe leur vie, ou bien souffrir de l'éclat qu'ils leur confèrent et qui les signale à leurs prédateurs.

Hopkins a fait quelques analyses sur le pigment orangé ou pourpre qui recouvre les ailes des « euchloe », papillons de l'Afrique du Sud. La couleur pourpre, dissoute dans l'eau et évaporée, donne la réaction de la muréxide et par suite contient de l'acide urique; la couleur jaune est acide et contient de l'acide mycomélique, dérivé de l'acide urique, c'est donc aussi un produit d'excrétion. Il y a dans cette voie toute une série de recherches à entreprendre bien capables de donner d'intéressants résultats.

L'action des intoxications sur la forme a encore été d'une autre façon étudiée par Bohn. Il a montré que les divers genres de crabes ont un mode circulatoire et respiratoire, et les organes appropriés à ces fonctions, en rapport avec les intoxications ordinaires dans les fonds où ils vivent.

L'action des rayons *X*, l'action des rayons émis par le radium sont à peine entrevues dans les recherches sur la morphologie et donnent déjà des résultats curieux.

Même les agents depuis longtemps connus sont loin d'avoir livré tout le secret de leur mode d'agir. S. Leduc introduit dans un lapin un courant électrique par une anode entourée de coton hydrophile imbibé de sulfate de strychnine; la cathode est simplement imbibée de chlorure de sodium. Sur un second lapin on réalise le dispositif inverse. Le premier animal accuse des symptômes très nets d'empoisonnement par la strychnine, le second ne présente rien de particulier. Puisqu'aussi J. Perrin a montré (1903) que la charge électrique d'un corps, positive ou négative, se détermine et varie pour une infime quantité d'acide ou de base diffusée autour de lui, on prévoit que dans les organismes mille circonstances peuvent produire des courants électriques; ceux-ci ont sans doute un rôle considérable dans les transports de matière entre les cellules et, comme certainement aussi entre l'être et le milieu de pareils courants surviennent, il y a là tout un champ dans lequel doivent s'étendre les investigations.

D'autres expériences encore montrent que rien n'arrête plus l'ampleur des comparaisons. Telles sont celles qu'a réalisées J. Chunder Bose, en 1901. Il prend sur une plante un pétiole de feuille, un bout de racine où n'importe quelle partie bien vivante; en reliant les deux extrémités de ce fragment à un galvanomètre par un fil conducteur, on ne constate aucun courant électrique. Il en est de même si l'on excite le fragment dans toute sa longueur, si on le tord par exemple; mais si on y détermine une excitation inégale, en plaçant une pince sur son milieu et en tordant seulement une des moitiés, l'autre étant laissée au repos, un courant électrique se manifeste comme il le ferait en provenant d'un muscle excité. On peut aussi retrouver tous les caractères que l'on signale dans l'activité musculaire : fatigue par les excitations répétées, retour à la condition première par le repos, exaltation de l'activité par certains sels, dépression par d'autres, empoisonnement par la potasse, les acides forts, les sels de mercure, guérison par des antidotes appropriés, anesthésies par le chloroforme, mort, c'est-à-dire cessation définitive de tous ces phénomènes par immersion dans l'eau bouillante.

Le plus curieux, c'est qu'on obtient les mêmes résultats avec n'importe quelle substance, en particulier des fils métalliques, surtout d'étain. Un fil d'étain donne par la torsion un courant, manifeste des effets de fatigue que le repos fait disparaître, subit des exaltations ou des dépressions, des anesthésies, des empoisonnements, la guérison, la mort, tout comme le fragment de substance vivante.

A l'entrée des diverses voies dans lesquelles on s'engage à la fois, des résultats imprévus remettent tout en question et le moment est mal choisi pour théorétiser.

CHAPITRE II

Échecs de la théorie cellulaire. — La phagocytose et les révolutions organiques.

Sommaire. — Association d'unités cellulaires ou dissociation en cellules. — La différenciation est indépendante du nombre des cellules. — La différenciation dans la cellule. — Phagocytose et indépendance cellulaire. — Son rôle dans les métamorphoses. — Persistance de la forme à travers les révolutions organiques.

Pendant trois quarts de siècle aucune conception ne fut plus solide que la théorie cellulaire établie sur le thème de l'association entre unités distinctes dites plastides ou cellules qui, toutes équivalentes au fond, prennent cependant des formes quelque peu diverses, se différencient en tissus propres à l'accomplissement de fonctions variées, le tout harmonieusement arrangé, coordonné, subordonné pour réaliser la vie intégrale de l'organisme. Aujourd'hui, la théorie est mise en cause de plusieurs manières et fortement ébranlée.

D'abord, A. Sedgwick dès 1883 avait été frappé, en suivant la segmentation dans l'œuf du péripate, de voir que la séparation entre les premières cellules n'était pas complète, que leur ensemble formait un réseau plasmique aux nœuds duquel se trouvaient des noyaux beaucoup plutôt qu'une somme de cellules isolées et indépendantes. Au résumé, dans ce cas il n'y avait pas en réalité association de cellules, mais simplement moins complète dissociation que dans le cas habituel. En 1895 et 1896, Sedgwick est revenu sur cette idée en montrant qu'après tout ce processus dans la segmentation du péripate, loin d'être un fait aberrant, est un fait normal et que dans n'importe quel organisme on peut voir des cellules restant liées entre elles : telles sont les cellules étoilées du tissu conjonctif, les cellules nerveuses motrices dans leurs liaisons avec les muscles, les cellules musculaires d'une même fibrille, etc.

Sans doute, Bourne, en 1896, fit bien remarquer qu'à côté des cellules liées il y en a au moins autant qui sont effectivement séparées comme les globules sanguins, les éléments génitaux, les leucocytes et d'autres. Il n'en est pas moins vrai qu'entre les deux états, équivalents en nombre, la question se pose de savoir quel est le plus primitif. L'embryogénie nous répond qu'il s'agit en tous cas d'une dissociation poussée plus ou moins loin; que, du reste, certains changements dans les conditions osmotiques peuvent limiter la segmentation aux masses nucléaires en laissant le protoplasme indivis, alors même que d'ordinaire il participerait à la séparation.

Depuis ce moment on a reconnu entre les cellules végétales des liaisons plasmiques en nombre considérable, rendant en quelque sorte tout le protoplasme d'une plante relié par la continuité déjà connue depuis longtemps entre les cellules jeunes qui doivent constituer le liber. De telle façon que la séparation, le cloisonnement ne sont plus que des phénomènes incomplets, accessoires et dérivés. Le thème de l'association n'est plus soutenable morphogéniquement.

La différenciation d'un autre côté apparaît seulement comme un état régional déterminé par le fonctionnement, sans même que le nombre des cellules y soit pour quelque chose, puisqu'on peut la voir surgir dans une seule cellule, ainsi que l'a fait remarquer Whitman en 1893. La différenciation dans une cellule est parfois même poussée à un degré extrême et les diverses parties de la cellule sont aussi impuissantes à vivre l'une sans l'autre que les tissus du métazoaire. Par exemple, un protoplasme cellulaire est incapable des réactions vitales si on le prive de son noyau; tout cylindre-axe nerveux séparé du corps cellulaire auquel il appartient dégénère, comme on le sait depuis longtemps. Balbiani et Bruno Hofer ont montré qu'il en est de même chez les protozoaires.

Hofer en particulier a essayé, en 1890, de dégager l'influence du noyau sur les diverses manifestations vitales dans un protozoaire très simple, l'*amœba proteus*; les mouvements cessent bientôt dans les fragments privés de noyau qui prennent une forme sphérique, mais, après quatre ou cinq jours de repos, les mouvements reparaissent, plus faibles cependant qu'autrefois, et manifestés par des pseudopodes moins allongés; finalement l'amibe entre en déliquescence. Dans les fragments sans noyau, les digestions commencées se continuent, mais il n'y a pas de nouvelle production d'acides ni de nouvelles réactions. C'est ainsi que des infusoires du genre paramœcie, ingérés peu de temps avant la section, parviennent à se dégager et à s'échapper, tandis que dans les fragments nucléés leurs efforts demeurent impuissants. Dans le protoplasme unicellulaire existent, en outre, des vacuoles contractiles sur lesquelles la présence ou l'absence du noyau ne paraît pas avoir d'effet. Les subtances nucléaires jouent donc un rôle dans l'assimilation et même dans la production des substances digestives.

Les fragments nucléés, d'autre part, sont ordinairement capables de continuer toutes les manifestations vitales, de croître et de reconstituer exactement la forme que l'être avait tout d'abord, ainsi que Balbiani l'a reconnu le premier sur un stentor, infusoire de forme très déterminée. La réparation de la forme n'est d'ailleurs pas en tous cas intégralement réalisée, il peut y avoir de simples cicatrisations.

Verworn, en 1888, ayant sectionné des polystomella, protozoaires qui secrètent en leur intérieur une coquille calcaire spiralée, n'obtint pas une reconstitution complète de cette coquille, mais seulement une cloison plane obturant par une véritable cicatrisation la brèche qu'on y avait faite. Dans le cas d'une difflugie, qui forme sa coquille aux dépens de grains de sable ingérés, le même auteur observa qu'après section le protoplasme se conserve en très bon état, mais n'est plus capable de se refaire une coquille.

On rencontre donc, quand on respecte l'association nécessaire des deux parties différenciées, cytoplasme et noyau, tous les cas possibles, soit la régénération complète, soit la cicatrisation plus ou moins efficace. Il en est de même chez les métazoaires et dans des formes extrêmement voisines, comme la salamandre et la grenouille adultes, nous pouvons voir dans le premier cas un bras coupé se refaire avec tous ses doigts, tandis que dans le second il y aura une simple cicatrisation de la plaie.

Ainsi, les phénomènes relatifs à l'établissement ou à la réparation de la différenciation sont identiques chez les métazoaires et chez les protozoaires ; le nombre des cellules n'y est pour rien du tout.

Une autre catégorie de données s'est peu à peu constituée en portant de son côté atteinte à la théorie cellulaire. Dès 1862, Hæckel avait remarqué, en injectant des mollusques avec de l'indigo, que les cellules libres de la lymphe englobaient les particules colorées, tentaient de les digérer pour leur propre compte, se comportaient en somme dans l'organisme avec une indépendance et une liberté qui rappelaient tout à fait celles des protozoaires dans le milieu extérieur. En 1883, Metchnikoff comprit toute la généralité de ce phénomène et en retira une théorie considérable, aujourd'hui connue sous le nom de phagocytose.

La propriété d'englober des corps étrangers engagés dans l'organisme n'est pas exclusivement possédée par les cellules libres ; un certain nombre d'éléments fixes la possèdent aussi, tels sont, par exemple, ceux de la rate dans le corps des vertébrés, les cellules de l'endothélium qui tapisse les capillaires sanguins et diverses autres catégories. Les phagocytes fixes ont déjà dans l'organisme un rôle propre qui permet de les considérer comme faisant partie de l'association cellulaire, et chez eux la propriété de phagocytose est en quelque sorte supplémentaire.

Les éléments libres de la lymphe dont la plupart sont des phagocytes ne participent qu'en raison de cette qualité même à la division du travail et à l'harmonie organique. Ils englobent, en effet, tous les corps étrangers et particulièrement les plus nocifs de tous, c'est-à-dire les microbes ; ils les attaquent, les digèrent et par ce moyen débarrassent l'organisme, le protègent contre l'invasion. Quand les microbes se multiplient rapidement et s'engagent très abondants dans cette lutte, les phagocytes en sont les premières victimes. Leurs cadavres amoncelés constituent le pus qui, lorsqu'on l'évacue au dehors, préserve encore l'organisme d'une invasion plus étendue. En se bornant donc à l'examen de ces faits, on pourrait considérer les phagocytes comme ayant, dans la société cellulaire à laquelle on veut ramener l'organisme, un rôle analogue à celui des armées dans les sociétés véritables, rôle nécessairement effacé dans les périodes paisibles et qui devient une sauvegarde en des jours critiques.

Mais les phagocytes, qui exercent leur pouvoir capteur et digestif au profit de l'organisme, ne respectent celui-ci que dans la mesure où les cellules différenciées du corps ont une vitalité suffisante pour se garantir par leur propre chimisme contre les attaques dont elles sont toujours menacées. Dans le cas tout à fait normal de la vieillesse, quand les intoxications répétées de l'alimentation et des diverses fatigues ont fini par entamer la résistance des cellules différenciées en glandes, en masses musculaires, en éléments nerveux, les phagocytes libres, moins éprouvés, commencent leurs dégradations. Ce sont eux qui, d'après Metchnikoff, sont les principaux agents des atrophies séniles ; ce sont eux qui, captant le pigment des poils et faisant blanchir les cheveux et la barbe, donnent le premier signal de la déchéance organique qu'ils vont consommer ou au moins précipiter.

Dans beaucoup d'autres circonstances capables d'amener pour l'organisme un état de trouble passager, on voit survenir la suractivité phagocytaire. Quand, au cours de sa vie, un animal arrive à changer brusquement de régime, si d'aquatique il devient aérien comme un têtard de grenouille, si de rampant comme une chenille il devient ailé et sexué comme un papillon, si de larve libre il devient un être fixé ou profondément parasite, il en ressent des troubles profonds,déterminant dans ses tissus une véritable révolution que les phagocytes consomment dans la plupart des cas.

Le phénomène fut établi avec une grande netteté par Kovalewski dans la métamorphose chez les mouches. A ce moment les cellules libres de la lymphe se rassemblent en grand nombre autour des masses musculaires, les pénètrent, dissocient leurs fibrilles, englobent les fragments de celles-ci. Pendant quelque temps, on suit les fragments dans le milieu des cellules absorbantes grâce à leur striation transversale si caractéristique. La striation bientôt s'évanouit les masses ingérées ne sont plus que des globules sans structure, qui peu à peu se réduisent à l'état de granulations et même finissent par se fondre dans le protoplasme.

La forme qui s'était édifiée est donc, pour sa plus grande partie, détruite. On voit ainsi disparaître les muscles, le tube digestif, la peau, il ne reste guère passant de la larve à l'adulte que le système nerveux. Cependant les parties détruites sont à mesure réparées par de petits îlots de cellules longtemps indifférenciées et que l'on appelle les disques imaginaux.

Il y a, en quelque façon, réfection de la forme à mesure de sa destruction, réfection comparable à celles que nous avons signalées après traumatisme, quoique plus importante.

La disparition de la queue chez les têtards de grenouille se produit par un processus analogue, si ce n'est que dans ce cas il accuse plus encore l'indépendance cellulaire. Ce n'est plus une cellule attaquant et détruisant une autre cellule du même organisme, mais bien une partie de cellule qui reprend une indépendance et nous dirions une individualité, si ce mot pouvait avoir un sens scientifique, pour absorber et détruire une autre partie qui jusque-là constituait avec elle une même unité cellulaire. Dans une fibre musculaire, en effet, on peut considérer deux régions, l'une appelée myoplasme, dans laquelle se montre la striation transversale et l'autre dite sarcoplasme, d'aspect granuleux, située autour du noyau. Cette dernière s'isole et phagocyte la première. Par la répétition du phénomène sur toutes les fibrilles, la queue tout entière du têtard est éliminée.

Quand une révolution organique présente la série complète des caractères de destruction et de réparation, on peut l'appeler métamorphose ou métabolie maxima. Mais la métabolie est, en quelque sorte, une réaction banale des organismes à une circonstance quelconque troublant leur équilibre vital. Aussi l'on trouve tous les degrés possibles et même toutes les nuances entre les révolutions profondes et les métabolies très légères que seraient n'importe quelles cicatrisations.

On peut voir la forme plus complètement détruite encore que dans le cas précédent, par exemple dans une larve de bryozoaire ectoprocte qui se fixe pour revêtir les roches ou les algues marines d'une dentelle moussue. La larve en question est un être compliqué déjà, avec un tube digestif muni suivant les cas d'un ou deux orifices ; une couronne de cils vibratiles lui sert à se déplacer dans l'eau. Au moment de la fixation tout cela disparaît ; il ne reste plus qu'une masse où l'on ne voit pour unique différenciation que des cellules superficielles et des cellules profondes. C'est au sein de cette masse que la forme adulte se refait entièrement sur nouveaux frais et pour le dire par une nouvelle épigenèse.

Dans d'autres cas la métabolie est moindre ; elle consiste simplement, par exemple, en un virage des organes internes qui perdent leurs attaches avec l'enveloppe extérieure, se déplacent au dedans d'elle, changent leur orientation primitive, et se rouvrent au dehors d'une façon changée. C'est ce que l'on voit chez les bryozoaires endoproctes et chez les échinodermes.

Sans tenter de pénétrer plus qu'il ne convient dans l'examen technique des faits, il importe de signaler toutefois qu'un processus analogue à celui-là, avec le caractère plus ou moins franchement accentué qu'il présente lui-même, intervient non seulement pour terminer des évolutions et marquer le passage d'un état larvaire à un état adulte, mais encore à un moment quelconque de l'évolution embryonnaire.

C'est de cette façon que nous expliquons, pour

notre part, tous les cas de gastrulation, de formation mésoblastique ou autres, à propos desquels les embryologistes ont été embarrassés pour reconnaître les processus typiques.

On est à bon droit frappé de voir ressortir au milieu de ces luttes intra-organiques, de ces destructions parfois complètes, une forme aussi nette, aussi pure que s'il ne s'était rien passé du tout. Le fait est particulièrement saillant dans les groupes où la forme peut être atteinte avec métabolie ou sans métabolie, chez les insectes notamment, dont les uns présentent des métamorphoses et les autres pas, ou, d'une façon plus générale, chez les êtres qui ont une larve parasite tandis que les formes voisines ont une larve libre. Malgré les bouleversements qui se trouvent dans certains de ces cas et que l'on ne voit pas dans les autres, les formes d'arrivée sont identiques.

L'étude de cette catégorie de phénomènes, loin donc d'expliquer en quelque façon le processus de la conservation des formes, le rend plus énigmatique encore et lui assigne une importance qui semble d'autant plus grande qu'elle est plus inexpliquée. L'examen des questions relatives à l'hérédité en devient plus pressant et nous allons dire en quelques mots dans le chapitre suivant les idées que l'on s'en est faites dans ces dernières années.

CHAPITRE III

Hérédité et fécondation.

Sommaire. — Tentatives pour saisir dans les processus de la fécondation le mécanisme de la transmission héréditaire. — Réduction chromatique dans les cellules génitales. — Théorie de la compensation. — La personnalité des anses chromatiques. — Fécondation physique par des solutions salines, par les liquides les plus variés, par le gaz carbonique. — La fécondation est un simple changement des conditions osmotiques. — Le nombre des anses chromatiques n'a pas de signification. — La question de l'hérédité n'est pas touchée par cette voie.

La répétition des mêmes formes par les divers animaux qui se succèdent dans le temps se poursuit avec constance depuis une durée qui dépasse celle de tous les événements dont l'humanité a pu avoir connaissance par vision directe. Elle se présente facilement à l'esprit comme un phénomène qui est nécessairement par lui-même, plutôt que comme un résultat périodiquement répété des causes permanentes dont l'ensemble confus fait le milieu extérieur.

Le besoin que nous avons de préciser, souvent satisfait d'ailleurs dès qu'on est capable d'exprimer, a poussé d'abord à la création d'un nom pour représenter cette répétition rythmique. On dit qu'il y a hérédité. Beaucoup d'esprits, ceux qui sont statiques, ne peuvent entendre un nom sans se représenter tout de suite un objet, ou tout au moins une qualité d'objet. L'hérédité est pour eux une qualité des vivants opposée à cette autre qualité que l'on doit reconnaître aussi et qui est la variation.

Il est déjà assez difficile de faire admettre par tout le monde que la variation est exclusivement l'effet des forces extérieures sur un vivant donné ; pour l'hérédité, il y a beaucoup plus d'obstacles encore. Les esprits statiques y voient une propriété des vivants qui doit s'expliquer par les propres qualités de ceux-ci ou rester sans explication aucune. Comme l'hérédité n'est remarquable et remarquée que par le fait de la reproduction, on a cherché dans les actes intimes de celle-ci, dès qu'on les a connus, des raisons à la perpétuité de la forme.

Bien que les deux éléments reproducteurs aient été reconnus dès la fin du XVIIe siècle, on ne s'est rendu très exactement compte de leur union qu'à la suite des travaux d'Hermann Fol en 1877 et de ceux d'Oscar Hertwig en 1876 et 1878 sur la fécondation des œufs dans les étoiles de mer. Un peu avant d'être fécondée, la cellule œuf subit dans son intérieur des modifications particulières décrites comme maturation. Le noyau qu'elle contient s'efface, et l'on voit à sa place une figure dite amphiaster, ou double étoile, formée dans le protoplasme par deux rayonnements qui se font face. Un peu après, un premier puis un second globule sortent de l'œuf et, placés à l'un de ses pôles, ils ont reçu le nom de globules polaires. A la suite de cela, un des spermatozoïdes qui s'agitent autour de l'œuf pénètre dans son intérieur. On l'y distingue pendant quelque temps, formant une petite masse arrondie à laquelle on donne le nom de pronucleus mâle. Le noyau de l'œuf, qui pendant ce temps a reparu, est le pronucleus femelle. Les deux masses nucléaires se fondent l'une avec l'autre et la fécondation est dès lors accomplie.

Aussitôt que les premières recherches sur la karyokinèse furent publiées par Strasbürger et Flemming, Bütschli et Giard comparèrent à une division cellulaire l'expulsion des globules polaires auxquels ils donnèrent le nom de cellules polaires. Avec les progrès de la cytologie, on scruta de plus en plus précisément ces phénomènes intimes de la fécondation ; ils restèrent cependant dans leurs lignes essentielles décrits comme une fusion, protoplasme à protoplasme et noyau à noyau.

Avant de faire reposer n'importe quelle explication sur ces données, encore faut-il s'assurer qu'elles ont un sens particulier et qu'elles ne sont pas la manifestation banale de phénomènes physiques quelconques. Nous avons, pour notre part (1), essayé de montrer que, par le seul examen des figures étoilées qui se forment, on peut conclure à l'existence d'une osmose puissante entre le spermatozoïde englobé et le plasma de l'œuf. L'osmose et la tension superficielle des substances nous paraissent expliquer tous les effets décrits. Si donc le spermatozoïde n'a d'autre effet que de déterminer des mouvements osmotiques toute autre substance le pourrait aussi bien.

Effectivement, en 1899 et avril 1900, Loeb a publié à ce sujet des expériences qui ont eu un grand retentissement. Il plonge des œufs d'oursin dans de l'eau de mer additionnée de chlorure de magnésium, puis, les reportant après cela dans le milieu normal, il obtient par leur évolution ultérieure des larves pluteus très bien conformées. Viguier contesta la portée de ces expériences en prétendant que les genres d'oursins employés (arbacia, sphœrechinus, strongylocentrotus) sont susceptibles de parthénogenèse normale. Mais Morgan, O. Hertwig, Giard, vérifièrent les indications de Loeb sur les étoiles de mer.

1. *La forme et la vie*, p. 671.

Ces résultats rappelèrent l'attention sur d'anciennes observations de Tichomiroff qui, en 1886, avait fait développer des œufs de ver à soie en les plongeant dans l'acide sulfurique et en les brossant. Dewitz avait aussi provoqué la parthénogenèse sur des œufs de grenouille passés au sublimé et Kulagin en avait fait autant en les trempant dans du sérum antidiphtéritique.

En septembre 1900, Bataillon obtint des divisions en blastomères aussi nettes qu'après la fécondation, en plongeant des œufs dans les liquides les plus variés, mais ayant tous le même pouvoir osmotique. Les liquides isotoniques dont il faisait usage correspondaient à une solution de chlorure de sodium à 0,9 ‰, laquelle a le même degré de congélation que le sérum des animaux de boucherie. Bataillon invoque donc l'osmose et non la nature chimique des solutions que Loeb avait d'abord crues actives par leur métal. Loeb avait du reste renoncé de lui-même à sa première interprétation, à savoir que l'apport du magnésium était le fait essentiel, dans le moment même où Y. Delage montrait qu'un lot d'œufs contenait plus de magnésium que le même poids de spermatozoïdes et que par suite ceux-ci, dans la fécondation normale, ne pouvaient que faire baisser la teneur en magnésium.

Y. Delage de son côté a répété les expériences de parthénogenèse artificielle. Il a obtenu des blastula et des gastrula avec des œufs variés ainsi que des larves pluteus d'échinodermes. Il a montré de plus que les solutions liquides ne sont pas seules efficaces et que, par exemple, si l'on augmente la proportion d'acide carbonique dans l'eau contenant des œufs d'étoiles de mer, on réalise plus de larves bien formées qu'avec la fécondation normale. Plus récemment, juin 1903, Ziegler, professeur à l'Université d'Iéna, signale qu'il a obtenu au laboratoire russe de Villefranche-sur-Mer des larves pluteus, en additionnant l'eau de mer avec

0,5 à 1 % d'alcool. Au-dessus de ce titre, les développements ne dépassent pas la blastula ou sont nuls. D'innombrables agents ont donc le même effet que la fécondation. Celle-ci est un pur phénomène physique point du tout nécessaire et qui peut être suppléé ou remplacé; s'il se présente usuellement avec des caractères très constants, cela tient à ce qu'il est déterminé par les conditions ordinaires du milieu qui sont très constantes aussi, très constamment associées et que, pour cette raison, nous ne savons pas démêler les unes d'avec les autres.

Toutes les interprétations que l'on a pu construire en ne tenant pas compte de ces nécessités et d'elles seulement sont certainement vaines. Cependant on a fait pendant une dizaine d'années le plus grand cas des faits associés à l'émission des globules polaires et de la réduction chromatique pour tâcher d'avoir, sinon l'explication de l'hérédité, au moins des renseignements sur le processus lui permettant d'exister.

Lorsqu'une cellule se multiplie par la voie de la karyokinèse (1), le spirème de chromatine se divise en un nombre de fragments, anses ou chromosomes, assez constant dans chaque espèce animale ou végétale pour qu'on l'ait considéré comme tout à fait constant, ce qui, en raison des dispositions statiques de l'esprit, équivaut à dire tout à fait important. E. van Beneden découvrit que les éléments génitaux montrent, à la dernière division qui les forme, un nombre d'anses chromatiques égal à la moitié du nombre normal dans l'espèce. Ce fait parut de très grande conséquence.

Pour qu'il en soit ainsi, le nombre des chromosomes doit être parfaitement constant dans une espèce donnée et, dans tous les cas, se réduire à la moitié dans sa cellule génitale. Or, la première proposition n'est

1. (Voir page 89.)

pas absolument vraie; elle ne l'est qu'ordinairement, exprime par suite un état fréquent d'équilibre, au même titre que n'importe quel caractère d'espèce, comme la longueur de la queue ou la couleur du poil, mais elle n'est pas plus absolue ou nécessaire que cela et ne peut guère prêter à de plus importantes conclusions.

Par exemple, parmi les vers parasites de l'intestin du cheval de l'espèce ascaris mégalocephala, très souvent étudiée à cet égard en raison du petit nombre de ses chromosomes qui les rendent faciles à compter, on trouve des individus ayant à leurs cellules somatiques deux anses seulement et une seule à leurs cellules sexuelles, tandis que d'autres individus se distinguent des premiers uniquement parce que leurs cellules somatiques ont quatre chromosomes et leurs cellules sexuelles deux. On a beau dire que l'espèce comporte deux variétés et, pour fortifier l'idée par un nom, les appeler: univalens et bivalens, il reste tout de même vrai que, dans l'espèce en question, le nombre des chromosomes varie du simple au double. Ce n'est pas au reste le seul cas. Chez un petit crustacé du genre Artemia, on a compté tantôt cent soixante-huit chromosomes, tantôt quatre-vingt-quatre; dans une annélide, Korschelt trouve quatre chromosomes dans les premiers stades embryonnaires, puis à partir de la blastula rencontre des cellules avec huit chromosomes et d'autres avec quatre.

La réduction du nombre à sa moitié pour passer à la cellule sexuelle n'est donc pas absolue, ni surtout pas absolument spécifique, puisque, d'après Kulagin, les cellules des disques imaginaux dans les larves d'insectes ont la moitié seulement des chromosomes que montrent les autres cellules du corps. En plus de cela la réduction chromatique apparaît comme une conséquence toute naturelle du fait minime que la division cellulaire, présidant à l'émission du deuxième globule polaire dans le cas de l'œuf, ou celle qui lui correspond dans la seconde des deux divisions de la spermatogonie en spermatozoïde, est précipitée. Elle se fait sans que les chromosomes aient eu le temps de se remettre bout à bout en un nouveau spirème, pendant une phase de repos. Quand le fuseau se montre dans le protoplasme, les chromosomes, encore séparés les uns des autres, sont attirés par moitié à un pôle par moitié à l'autre et, par ce fait seul, ils sont en nombre deux fois moindre qu'à l'ordinaire.

Si l'on prend la chromatine pour une substance gluante quelconque qui, suivant les circonstances de l'équilibre dans son milieu, aura une tension superficielle différente et par suite une cohésion plus ou moins grande, on ne sera pas étonné de voir que les gouttes plus ou moins étirées qu'elle peut faire sont plus ou moins grosses et par suite moins ou plus nombreuses. Mais si l'on traite les chromosomes comme des objets solides, comme des unités nécessaires, chacun d'eux devient une petite personne dont la vie propre se poursuit de cellule en cellule. La division en deux est, pour elle comme pour la cellule, le processus de durée et de propagation. En période de repos elle se dissimule bout à bout avec ses sœurs, mais elle ne perd point pour cela son individualité et reparaît telle qu'elle était à la division prochaine. De cette façon, le nombre doit en être constant et toute modification qu'il subit est un phénomène curieux capable, à ce qu'on croit, de donner la clef d'une énigme.

Avec cette représentation mentale on imagine que l'œuf dans sa maturation, ou le spermatozoïde dans la dernière division qu'il subit ont expulsé la moitié de leurs chromosomes. Les éléments sexuels sont ainsi devenus des cellules incomplètes et c'est pourquoi la fécondation est nécessaire, puisqu'elle a pour objet de les compléter l'une par l'autre. Au fond il n'y a dans tout cela rien qu'une nécessité purement intellectuelle, une impuissance à raisonner sans unités; et, comme on retrouve cette manière aussi bien en mathématiques qu'en physique ou en chimie, il en faut conclure qu'elle dépend plus de l'esprit humain que de la réalité objective.

La compensation, de la sorte reportée sur la chromatine, n'est en réalité qu'une transformation et un transport sur des objets différents de l'idée que Sabatier avait émise déjà en exposant que l'œuf est devenu femelle par abandon de protoplasme périphérique, tandis que le spermatozoïde est devenu mâle par abandon de protoplasme central. La fusion dans la fécondation a pour effet de compléter l'un par l'autre les deux protoplasmes.

Les petites individualités chromatiques ayant, à ce que l'on croyait, un si grand rôle dans la fécondation ne pouvaient être indifférentes à la transmission des caractères héréditaires; on voyait même en elles le vecteur de cette hérédité. On se demande pourquoi personne n'a eu la hardiesse de représenter celle-ci sous les traits d'une femme, puisque le mot hérédité est féminin, à cheval sur un chromosome.

Toutes les idées relatives à la compensation et à l'individualité des anses chromatiques sont fort ébranlées par diverses observations ou expériences. D'abord les œufs parthénogénétiques, qui normalement se développent sans fécondation, devraient ne jamais émettre qu'un seul globule polaire, puisque c'est à la sortie du second que la réduction s'effectue. Or Bloch mann et Platner ont vu des œufs parthénogénétiques émettre leurs deux globules polaires.

D'autre part, si l'on revient aux expériences d'Hertwig et de Boveri relatives à la fécondation des fragments d'œufs d'oursins privés de leur noyau, on doit reconnaître que ces fragments susceptibles de se développer aussi bien que des œufs complets sont incomplets pourtant. Ils ne devraient point avoir plus d'anses chromatiques que n'en avait le spermatozoïde, c'est-à-dire la moitié du nombre normal, ou bien alors le nombre des chromosomes ne signifie plus rien du tout. Y. Delage, reprenant l'étude de ces phénomènes qu'il a appelés mérogonie et suivant attentivement le sort ultérieur des fragments nucléés et des fragments sans noyau, a reconnu : 1° qu'il y a un instant favorable, sans que la circonstance soit indispensable, où l'œuf peut être mis en mérogonie, c'est quand la membrane nucléaire s'efface au moment de l'expulsion du premier globule polaire, événement qu'il appelle la maturation cytoplasmique ; 2° que les fragments d'œufs sans noyau se développent avec le même nombre de chromosomes que les fragments nucléés.

Si donc, dans toutes ces apparences formelles, on ne voit absolument rien qui puisse donner une explication de l'hérédité ni même faire comprendre son existence, il faut y renoncer complètement et entrer dans une voie nouvelle. L'hérédité, la répétition des formes, existe seulement parce que celles-ci sont les effets du milieu extérieur. Il y a identité dans les effets par suite de l'identique répétition des conditions et des causes. Yves Delage, qui professe également ces idées, précise, à tort suivant nous, que les causes en question sont actuelles. Il faut, pour être complet, ne pas fixer le temps et concevoir comme agissantes aussi bien les causes du moment présent que les impulsions dues à des causes passées.

La théorie des causes actuelles, seules créatrices des effets formels, pense mieux que toute autre rapprocher les corps vivants et les corps bruts. Elle tendrait au contraire à spécialiser ceux-là ; car ils deviendraient ainsi les seuls sur lesquels seraient sans effet des forces antérieures disparues.

Si l'état actuel d'une barre de fer dépend non seulement de son ambiance présente mais encore des torsions, flexions, secousses, martellements, échauffements qu'elle a subis auparavant, pourquoi donc un corps vivant, continu dans l'espace par la succession des germes avec tous ses ascendants, ne garderait-il pas la trace des effets anciens, alors même que les forces auxquelles ils sont dus se sont évanouies? Pourquoi, par une réaction paradoxale, l'hérédité serait-elle expulsée du seul domaine de la vie? La vérité est qu'elle y existe comme partout et pas autrement. C'est un problème qu'il convient d'aborder expérimentalement et tout y est encore pour ainsi dire à faire.

CHAPITRE IV

Rôle de l'osmose dans les phénomènes cellulaires.

Sommaire. — Phénomènes chimiques et phénomènes physiques — Effets de la structure microscopique. — Structure alvéolaire du protoplasme. — Les écumes de Bütschli. — Effets internes qu'y produisent les changements d'osmose. — Interprétation géométrique et physique des figures observées dans la division cellulaire.

La réduction des manifestations vitales en phénomènes physiques ou chimiques a été poursuivie jusque dans la cellule. Le protoplasme produit lui-même, dans les vacuoles qu'y déterminent les corpuscules solides ingérés, les acides et les diastases. Dans le métazoaire compliqué l'action de ces dernières substances a semblé la caractéristique chimique de la vie et n'est rien peut-être de plus que la chimie particulière des albuminoïdes, encore si peu pénétrée à l'heure actuelle. Sans doute on y a fait dans ces dernières années quelques progrès, dont l'étude nous entraînerait en dehors de notre sujet comme aussi de notre compétence ; mais il y a de ce côté certainement plus à attendre de l'avenir qu'à retenir du passé.

En outre de cela il est fort possible que la différence entre les processus chimiques ordinaires et les processus vitaux tienne surtout à ce que ceux-ci sont accomplis dans des cellules microscopiques, c'est-à-dire en des lieux où les forces de capillarité et de tension superficielle ont une puissance énorme et sont capables de renverser l'aspect de certains phénomènes.

En ces dernières années on s'est préoccupé des manifestations que l'on peut rapporter immédiatement aux forces physiques dont nous venons de parler. Indépendamment de sa composition chimique le protoplasme possède aussi une structure physique qui n'est point sans effet sur quelques-unes des propriétés par lesquelles nous le connaissons. En étudiant à des grossissements considérables le protoplasme des diverses cellules, on le voit parfois comme une substance homogène dans laquelle sont suspendus de nombreux granules; certains auteurs, avec Arndt et Altmann, pensent que cet aspect révèle la structure typique granulaire. Dans d'autres cas, on aperçoit des fibrilles éparses au sein d'une masse homogène; Flemming et ses partisans considèrent comme le plus fréquent cet aspect fibrillaire. D'autres, tels que Heitzmann, Brass, Leydig, F. van Beneden, Carnoy reconnaissent dans une masse homogène dite hyaloplasme un réseau dont les mailles sont composées par une substance appelée spongioplasme plus épaisse que l'hyaloplasme.

Les auteurs les plus récents, à la suite de Küntsler et Bütschli, décrivent le protoplasme comme une écume Les gouttelettes de l'hyaloplasme sont suspendues au sein d'une substance plus épaisse qui est le spongioplasme. Quand les gouttelettes contenues sont suffisamment abondantes, elles se pressent les unes contre les autres, leurs parois deviennent planes et s'accolent suivant des faces polyédriques. Les granules plus épais qui flottent dans le protoplasme vont se placer aux angles des polyèdres.

L'interprétation alvéolaire peut comprendre les autres comme des cas particuliers. Les parois planes des alvéoles regardées dans le plan focal du microscope produisent le même effet qu'un réseau. Au lieu de considérer les plans qui séparent les polyèdres on ne prête attention qu'aux arêtes. Si de plus une osmose un peu brutale a lieu entre la cellule et les liquides dans lesquels on l'étudie, les alvéoles détruites s'allongent en fibrilles ; et, si l'osmose est plus violente encore, les fibrilles elles-mêmes sont entièrement résolues, il ne reste plus à flotter que les granules.

Il est donc logique d'admettre, puisqu'elle est la plus compréhensive, l'interprétation alvéolaire. C'est la structure type du protoplasme ; toutes les cellules animales s'y laissent ramener et, pour les végétales, il y a lieu de tenir compte en plus de la réaction de la paroi cellulosique. Celle-ci modifie le fragment microscopique d'écume tenu dans un utricule clos. Quand la forme de la paroi rigide est cylindrique, comme il arrive dans le mycélium des champignons, le protoplasme revêt des aspects plus ou moins tubulaires qui ont été décrits par Matruchot.

Il est vrai de plus que la structure alvéolaire pour les cellules libres des protozoaires et des métazoaires donne l'explication d'un certain nombre d'événements dans la vie ou d'aspects dans la forme cellulaires. Quand un flocon d'écume est arraché par le vent à la crête des vagues et jeté sur la plage, on voit en l'examinant toutes les grosses bulles crever à la périphérie ; il ne reste en cette région que les petites. A la suite de cela on distingue dans le même morceau d'écume une zone périphérique à petites vacuoles et une zone centrale formée de plus grosses bulles. De la même façon le protoplasme d'une cellule est souvent divisé en une zone extérieure ou ectosarque et une zone intérieure ou endosarque.

Dans une masse protoplasmique, il y a des substances assez diverses pour que, tant au point de vue de la composition chimique qu'à celui de la tension superficielle, elles se conglomèrent en deux masses distinctes. Les substances dont la tension superficielle est la plus forte se rassemblent au centre de la masse et y constituent le noyau, les autres, plus périphériques, sont le cytoplasme. A la séparation entre l'amas nucléaire et le cytoplasme, aussi bien qu'à la séparation entre celui-ci et l'extérieur, les parois des alvéoles se placent normalement aux surfaces limites ; il en résulte deux zones distinctes à l'œil auxquelles on donne les noms respectifs de membrane nucléaire et de membrane cellulaire. On applique également ce dernier nom aux substances excrétées par le protoplasme qui forment autour de la cellule un étui, rarement dans les animaux, d'une façon fréquente au contraire chez les végétaux.

Bütschli a composé avec de l'huile et de l'eau, ou mieux de l'eau tenant en dissolution du carbonate de potasse, des écumes qui, en gouttes microscopiques, reproduisent l'aspect visible du protoplasme et plusieurs des manifestations de la vie, celles qui, par ces expériences mêmes, se révèlent comme dérivant de la structure physique plus que de la composition chimique. De pareilles gouttes, ainsi préparées, montrent quand on les tient captives entre deux lames de verre des courants internes qui ressemblent fort à ceux que l'on observe dans les cellules végétales. Si on les laisse en liberté, elles se déplacent à travers l'eau qui les baigne à la façon d'un protozoaire. Deux gouttes d'huile écumeuse qui marchent l'une vers l'autre accélèrent leurs mouvements à mesure qu'elles se rapprochent ; puis elles ne peuvent plus s'écarter l'une de l'autre et parfois il arrive qu'elles se rencontrent et confluent.

Bütschli a observé des gouttes qui se sont promenées pendant cinq ou six jours. Finalement les gouttelettes intérieures, qui donnent la structure écumeuse, se fusionnent petit à petit les unes avec les autres, déterminant au sein de la masse quelques gouttes assez grosses. Bientôt il n'y a plus que deux ou trois gouttes, résultat ultime du rassemblement de toutes les gouttelettes contenues. Dans ce cas l'écume n'existe plus ; elle ne manifeste plus aucune des réactions qu'on y observait tout à l'heure ; elle est comme morte et par le processus même qui détermine aussi la mort dans les cellules vivantes.

Quand sur les gouttes d'écume on fait agir un courant électrique, les gouttes se mettent en mouvement vers le pôle positif. Les courants induits donnent à l'ouverture et à la fermeture une brusque contraction. Les courants interrompus produisent une contraction continue qui, si le phénomène est prolongé se relâche ; il y a fatigue.

Vient-on à écraser une semblable goutte d'écume entre deux lames, on la fait en quelque sorte fuser, comme une goutte d'encre pressée dans une feuille de papier qu'on replie et qui donne de si jolis dessins dont tous les enfants ont une expérience approfondie. En regardant au microscope un des filets produits par la goutte d'écume, on y distingue une structure striée longitudinalement analogue aux parties de protoplasme les plus élastiques et les plus contractiles telles que la tige par laquelle sont fixés certains protozoaires.

Si l'on soumet à de brusques changements d'osmose une goutte d'huile écumeuse, toutes les vacuoles internes s'étirent suivant les rayons et dessinent ainsi un aspect étoilé semblable à ceux que l'on voit dans les cellules vivantes. Les rayons, dans ce dernier cas, convergent vers un lieu auquel on a donné le nom de sphère attractive ou de centrosome et qu'il est plus simple d'appeler centre d'osmose, pour ne pas laisser croire qu'on le prend pour un objet ou un organe de la cellule.

Les apparences remarquées dans la karyokinèse sont composées de pareils étoilements, seulement il y en a deux et parfois plusieurs au lieu d'un seul. Faut-il y voir aussi des effets de l'osmose? Pour notre part nous en sommes convaincu et nous avons tenté en 1898 de substituer une interprétation de ce genre aux théories antérieures que l'on peut dire plutôt machinistes que mécaniques.

Dès 1873, H. Fol le premier admit que l'amphiaster est l'expression de forces polarisées; mais quelle est la nature de ces forces? E. van Beneden, en 1883, émit l'idée que le fuseau ou le tonnelet achromatique est formé par un ensemble de fibrilles insérées sur le centrosome et agissant par traction ainsi que des fils élastiques ou des ressorts. Adoptant cette idée, Boveri a décrit dans l'œuf de l'Ascaris les rayons de l'aster comme fixés d'autre part sur les chromosomes. Ceux-ci, dit-il, sont entraînés hors de l'équateur par le raccourcissement des rayons qui d'ailleurs s'épaississent en se raccourcissant.

Du reste la contractilité des vacuoles étirées, ou mieux de leurs parois, s'explique sans qu'il y ait fibrilles. La tension superficielle très grande qui permet l'étirement des vacuoles est aussi la condition de leur élasticité et les fait revenir à la forme sphérique dès que les circonstances s'y prêtent.

Bütschli, Carnoy et Platner pensent que le fuseau achromatique est dû aux changements de l'osmose et nous avons montré que la forme des figures peut se comprendre ainsi. Quand une cellule est pour se diviser, le centre d'osmose est en dehors du noyau et situé près de lui. Le noyau est dès lors excentrique et les rayons dessinés par les vacuoles étirées convergent sur le centre d'osmose. Il y a équilibre entre l'endosmose, l'exosmose et la résistance due à la viscosité des liquides. Que maintenant l'osmose vienne brusquement à changer, elle reste quelque temps sans intéresser le noyau qui joue dans cette courte période un rôle d'écran. Dans un cône circonscrit au noyau, ayant pour sommet le centrosome, la nappe qui ne contient pas le noyau est le siège de forces centrées auxquelles rien ne s'oppose. D'autre part, dans l'espace extérieur au cône, toute force dirigée suivant un rayon a une contraire qui lui est égale.

De là résulte que la cellule se déforme, elle prend une figure que, pour simplifier, nous pourrons comparer à un ellipsoïde de révolution et les forces d'osmose qui orientent les vacuoles, toujours normales à la surface, ne vont plus converger en un centre mais être tangentes à la surface engendrée par la révolution de la développée de l'ellipse méridienne. Cette surface, dessinée par les lignes qui lui sont tangentes, a justement la forme de fuseau que l'on décrit dans la karyokinèse. Sans insister autrement sur ces interprétations, nous voyons qu'elles rendent un compte physique et géométrique des figures qui ont paru les plus merveilleuses et révélatrices des plus intimes manifestations vitales.

Tout récemment, Herrera, de Mexico, a réalisé, avec de l'albumine et des métaphosphates, divers essais d'imitation du protoplasme desquels il est permis d'attendre quelques résultats.

C'est par cette voie, par d'incessants progrès dans l'interprétation résolument et uniquement physique ou chimique de tous les détails suivis pas à pas que l'on pourra, en écartant le mystère des phénomènes vitaux, atteindre à quelques explications.

CONCLUSIONS

Sommaire. — Scepticisme à l'égard des théories générales fatales productions de la pensée humaine. — Le classement des théories révèle les lois que suit l'intelligence pour construire. — La connaissance des lois de l'esprit peut servir à le modifier et à l'étendre. — Les progrès techniques. — La science est une action par laquelle se libère matériellement l'humanité.

Dans un autre ouvrage nous avons essayé d'établir qu'en biologie les faits et les théories actuelles se rangent de façon à constituer une mécanique. L'étude historique montre qu'il en a toujours été ainsi. Ce n'est donc pas un classement artificiel mais une construction qui répond au fonctionnement même de l'esprit humain pour élaborer la science. De là résulte, à l'égard des théories générales, fatales productions de notre pensée, un certain scepticisme critique.

Y a-t-il à cela quelque mal? Nous estimons plutôt que c'est un bien de ne pas s'endormir dans la béate croyance au succès définitif et d'être sollicités toujours à l'étude par le doute permanent sur la valeur des résultats atteints. La science est née du libre examen, ses hypothèses ne peuvent pas plus être des dogmes que ses méthodes des rites traditionnellement accomplis. Le progrès a pour condition première la crainte de l'accoutumance intellectuelle; son plus puissant facteur est l'irrévérence.

On n'en doit pas évidemment conclure à condamner en bloc tous les essais théoriques, puisqu'aussi bien ils sont indispensables et représentent les tentatives mêmes que l'homme fait pour comprendre et pour digérer intellectuellement les données sensorielles. Mais il faut s'attacher à bien dégager les critères pour classer les théories, pour les juger en les comparant avec celles seulement qui leur sont comparables, pour ne pas éterniser de stériles controverses où nous avons fait voir de simples malentendus indépendants de la connaissance des faits.

Du reste, c'est seulement en prenant ainsi conscience des conditions de notre pensée que nous cesserons d'être les éternelles dupes de nos illusions toujours renouvelées, et que nous pourrons peu à peu réussir à nous créer, par l'effort dirigé, une intelligence capable de comprendre les découvertes techniques que nous réalisons.

Puisqu'aussi le facteur le plus certain du progrès est dans la technique, il faut concentrer les plus grands efforts sur les recherches du laboratoire. Les résultats qu'elles ont donnés et qu'elles donnent sont suffisants pour légitimer dans le passé toutes les satisfactions et dans l'avenir toutes les espérances.

Il reste encore que tout le long de son histoire la science, éducatrice de pensées, a été aussi une action permanente, que par ses applications répétées elle a libéré l'homme d'une grosse part de sa tâche matérielle et des souffrances dues aux maladies ou à la mauvaise hygiène. Elle a collaboré à la répartition plus équitable des joies et du repos.

Sa tâche, de ce côté, est maintenant de faire comprendre aux affranchis d'hier quelles sont les véritables joies ne laissant ni remords, ni usures, ni intoxications et de leur montrer que ces joies saines, et par suite durables, concordent avec les pratiques préconisées au nom d'autres principes et nommées les vertus.

En accomplissant ce programme qui s'ouvre très vaste devant elle du côté de l'action, elle aura vraiment aidé tant qu'il se peut à réduire la misère humaine et contribué pour sa part à faire rencontrer l'accessible bonheur.

TABLE DES MATIÈRES

INTRODUCTION

La Nature et la Science. — Le donné et le construit.

LIVRE I

Les conditions du développement scientifique.

LIVRE II

La recherche des lois de Fréquence et la Discontinuité.

LIVRE III

La recherche des lois de la Continuité dans le Temps.

LIVRE IV

La recherche des lois de Causalité.

LIVRE V

Les grandes controverses.

LIVRE VI

Orientation actuelle de la science.

N.-B. — Un sommaire détaillé se trouve placé en tête de chaque chapitre.

622. — Paris. — Imp. Hemmerlé et Cie.

BIBLIOTHÈQUE DE PHILOSOPHIE SCIENTIFIQUE

Collection in-18 jésus à 3 fr. 50 le volume

FÉLIX LE DANTEC. — Les Influences Ancestrales

Après avoir, dans une courte introduction, mis en évidence les avantages de la narration historique des faits, l'auteur montre comment, de la seule notion de la continuité des lignées, on conclut sans peine aux principes de Lamarck et Darwin. Le premier livre de l'ouvrage est un véritable résumé de la biologie tout entière ; grâce à l'heureux emploi d'une expression nouvelle et imprévue « la canalisation du hasard », les questions les plus ardues de l'hérédité et de l'origine des espèces sont exposées avec simplicité, sans qu'il soit jamais nécessaire de faire appel à aucune connaissance spéciale ou technique. 1 vol. in-18

H. POINCARÉ. — La Science et l'Hypothèse

M. Poincaré a réuni sous ce titre les résultats de ses réflexions sur la logique des sciences mathématiques et physiques. Dans les unes comme dans les autres, l'hypothèse a joué un grand rôle. Quelques personnes en ont voulu conclure que l'édifice scientifique est fragile ; être sceptique de cette façon, c'est encore être superficiel. Douter de tout, ou tout croire, ce sont deux solutions également commodes qui, l'une et l'autre, nous dispensent de réfléchir.

Un peu de réflexion nous montre au contraire que l'emploi de l'hypothèse est nécessaire et peut être légitime ; sans doute il est dangereux, mais ce n'est qu'une raison de plus de reconnaître avec soin les pièges auxquels le savant est exposé.

M. Poincaré a évité soigneusement l'emploi des formules mathématiques. Son livre pourra donc être lu par toutes les personnes cultivées ; il le sera certainement par tous ceux qui s'intéressent à la philosophie des sciences . . . . 1 vol. in-18

DASTRE (*Professeur de Physiologie à la Sorbonne*)

La Vie et la Mort

Ce livre, intéressant entre tous, sera bientôt dans toutes les mains Ce n'est plus, comme jadis, un poète ou un moraliste qui vient disserter sur la destinée humaine et développer les éternels lieux communs que comporte le sujet. L'auteur de cet ouvrage, M. Dastre, professeur de physiologie à la Sorbonne, est l'un de nos savants les plus originaux et les plus profonds. Son livre traite des questions relatives à la Vie et à la Mort au point de vue de la philosophie et de la science. Il nous révèle qu'il y a des animaux immortels, que la mort n'a pas existé de tout temps, qu'elle est apparue à un moment du cours des temps géologiques; que la vieillesse elle-même est une maladie qui pourrait être évitée et que la vie pourrait être plus longue sans s'accompagner de décrépitude. . . . . 1 vol. in-18.

Dr GUSTAVE LE BON. — Psychologie de l'Education

Ce livre a été écrit pour tous les membres de l'enseignement, et au moins autant pour les pères de famille, soucieux de l'avenir de leurs fils. Le Dr Le Bon s'est livré à une étude attentive du volumineux Rapport de la Commission d'enquête sur la Réforme de l'enseignement; il en est sorti persuadé que toute la réforme n'a malheureusement tourné qu'autour d'une question de programmes; et il craint que les programmes nouveaux n'apportent aucun remède. C'est l'esprit de l'enseignement, la méthode, qui auraient besoin d'être améliorés: « Tous les programmes sont indifferents, mais ce qui peutêtre bon ou mauvais, c'est la façon de s'en servir. »

Le Dr Le Bon estime que cette vérité élémentaire est totalement méconnue; son livre qu'éclaire sans cesse une vue, à la fois profonde et subtile des réalités, a pour but de la faire pénétrer dans le public. « Cette réforme de l'opinion est la première qu'on doive tenter aujourd'hui. ». . . . . 1 vol. in-18.

FRÉDÉRIC HOUSSAY (*Professeur de Zoologie à la Sorbonne*)

Nature et Sciences naturelles

Ce nouveau livre, accessible à tous les esprits cultivés et réfléchis, a pour noyau la plus originale tentative pour montrer, dans l'édification de la science, la continuité de pensée depuis l'antiquité jusqu'à notre époque. Il contient de plus une philosophie opposant la réalité naturelle aux diverses images scientifiques que l'homme s'en est faites, images que les progrès techniques modifient beaucoup moins dans leurs traits essentiels qu'on ne le croit d'ordinaire. Toutes les théories générales y sont groupées, classées, comparées, et les grandes controverses y apparaissent comme des malentendus permanents entre les diverses sortes de pensées humaines. L'ouvrage se termine par un suggestif aperçu sur l'orientation actuelle des sciences naturelles. . . . . 1 vol. in-18.

Dr J. HÉRICOURT. — Les Frontières de la Maladie

Les frontières de la maladie, ce sont les maladies de la nutrition qui commencent, s'installant de façon insidieuse et progressant insensiblement, jusqu'au moment où elles se démasqueront en troubles graves et incurables; ce sont les infections latentes et atténuées qu'on laisse évoluer librement, et qu'on répand autour de soi, d'abord dans sa famille, et puis au dehors; ce sont toutes les maladies qui laissent aux patients les apparences de la santé, et qui, par cela même, sont abandonnées à leur libre évolution dans leur phase maniable par l'hygiène, jusqu'à leur transformation en états graves, contre lesquels la thérapeutique est alors le plus souvent impuissante . . . . 1 vol. in-18.

H. POINCARÉ (*Membre de l'Institut*).

La Valeur de la Science

Ce nouvel ouvrage de M. Poincaré a pour but de rechercher quelle est la véritable valeur objective de la Science; n'est-elle, comme le prétendent ses détracteurs, qu'une accumulation d'hypothèses arbitraires,

une simple règle d'action incapable de nous rien faire connaître de la réalité. On pourrait le croire à voir les capricieuses variations de la mode scientifique; le caractère à demi conventionnel des notions les plus fondamentales, comme celles de temps et d'espace.

Un examen plus approfondi nous rassure; il nous montre, il est vrai, que la nature des choses nous demeurera à jamais mystérieuse; mais qu'il y a dans les rapports mutuels de ces choses inconnaissables, je ne sais quelle harmonie qui est la seule réalité objective qui nous soit accessible.

L'auteur à ce propos revient sur la question de la rotation de la Terre et fait justice de certaines légendes qui ont couru dans les journaux politiques à propos de ses idées sur le mouvement absolu. Il montre comment, malgré la relativité de l'espace, la vérité pour laquelle Galilée a souffert, reste néanmoins la vérité. . . . . . 1 vol. in-18.

Dr GUSTAVE LE BON. — L'Évolution de la Matière

Cet ouvrage présente un intérêt scientifique et philosophique considérable. L'auteur y a développé les recherches nombreuses que sous ces titres : La Lumière Noire, La Dématérialisation de la Matière, etc., il a publié depuis plusieurs années. On sait qu'elles ont eu en France et surtout à l'étranger un retentissement énorme. Il a montré que, contrairement à une croyance bien des fois séculaire, la matière n'est pas éternelle et peut être détruite sans retour, qu'elle est le siège d'une énergie colossale insoupçonnée jusqu'ici et dont l'intensité est telle que la dissociatien complète d'une pièce de 1 centime représenterait autant d'énergie qu'on pourrait en obtenir en brûlant 68.000 francs de houille.

Parmi ses expériences sur les diverses phases de la dématérialisation de la matière on remarquera celles où il prouve par des photographies instantanées que les produits de la dématérialisation de la matière traversent visiblement les obstacles matériels.

Les expériences sur le radium et leur analyse critique forment un des chapitres intéressants de l'ouvrage. On y voit que tous les corps de la nature possèdent les mêmes propriétés que le radium bien qu'à un degré moindre. — 1 vol. in-18 illustré de 62 gravures photographiées au laboratoire de l'auteur.

E. BOINET (*Professeur de Clinique médicale*)

Les Doctrines médicales. — Leur évolution

La nécessité d'une doctrine directrice s'impose à la médecine, qui est à la fois un art par ses applications et une science par ses moyens d'étude. Les doctrines médicales ont donc une portée pratique et théorique, et leur évolution marque les étapes de la médecine.

Le *Livre I*, consacré aux *Doctrines antiques*, se divise en six chapitres : Le *premier* comprend la *médecine sacerdotale;* le *second chapitre* traite de la *doctrine Hippocratique;* le *chapitre III* expose les *rivalités de l'Ecole de Cos*, personnifiée par Hippocrate, et de l'*Ecole de Cnide;* dans les *chapitres IV et V* se trouvent les doctrines multiples de l'*Ecole d'Alexandrie* et la *médecine* au temps d'*Aristote;* la *doctrine de Galien* fait l'objet du VIe et *dernier chapitre*.

Le *Livre II* étudie l'*alchimie* et la *doctrine chimiatrique*.

Le *Livre III* montre l'influence des progrès de l'anatomie humaine.

Le *Livre IV* renferme l'œuvre du XIXe siècle illustré par trois noms français, Bichat, Claude Bernard, Pasteur.

Les idées modernes sur la maladie sont exposées dans le *Livre V*.

Le *Livre VI* est consacré aux *défenses de l'organisme*.

Le *Livre VII* montre l'*application des doctrines modernes à la thérapeutique et à l'hygiène* . . . . 1 vol. in-18.

ÉMILE PICARD. (*Membre de l'Institut, Professeur à la Sorbonne*)

La Science moderne et son État actuel

M. Picard s'est proposé de donner, dans ce volume, une idée d'ensemble sur l'état des sciences mathématiques, physiques et naturelles dans les premières années du xxe siècle. Une esquisse de l'état actuel des sciences, de leurs méthodes et de leurs tendances, précédée de remarques historiques, est susceptible de faire mieux comprendre que des dissertations abstraites ce que cherchent les savants, quelle idée on doit se faire de la science, et ce que l'on peut lui demander. On trouvera discutés dans ce volume, avec de nombreux exemples à l'appui, les divers points de vue sous lesquels on envisage aujourd'hui la notion d'explication scientifique, ainsi que le rôle des théories, sans lesquelles la science se réduit à un catalogue de faits. Ces trois cents pages forment une véritable encyclopédie, où sont condensés les résultats positifs les plus importants, en même temps qu'un livre de philosophie scientifique, où les liens qui unissent les diverses sciences sont mis en évidence. . . . . 1 vol in-18.

ALFRED BINET (*Directeur du Laboratoire de Psychologie à la Sorbonne*)

L'Ame et le Corps

Depuis quelques années, le vrai problème de l'âme et du corps sollicite de nouveau l'attention du monde savant. M. Binet a voulu montrer que les progrès récents de la psychologie expérimentale ont eu un retentissement sur les spéculations les plus hautes et les plus abstraites de la philosophie. L'analyse de la sensation, de l'image, de l'idée, de l'émotion, telle qu'elle résulte des travaux les plus précis, oblige à poser en termes nouveaux la distinction du physique et du mental. Les anciennes hypothèses, le matérialisme, le spiritualisme, l'idéalisme, le parallélisme, le monisme, apparaissent maintenant comme frappées d'un vice radical, et doivent faire place à une solution nouvelle, et mieux adaptée aux données les plus importantes de la science . . . . 1 vol. in-18.

ENVOI FRANCO CONTRE MANDAT OU TIMBRES-POSTE

Paris. — Imp. Hemmerlé et Cie.

Bibliothèque de Philosophie scientifique

DIRIGÉE PAR LE Dr GUSTAVE LE BON

Les faits scientifiques se multiplient tellement qu'il devient impossible d'en connaître l'ensemble. Les savants sont obligés de se confiner dans des spécialités très circonscrites.

Malgré des découvertes incessantes, les principes généraux qui dirigent chaque science et constituent son armature philosophique sont toujours peu nombreux. Ils changent fort rarement et ne peuvent même changer sans que la science qu'ils inspiraient se transforme entièrement. L'évolution profonde subie par les sciences physiques et naturelles depuis cinquante ans est la conséquence du changement des principes philosophiques qui leur servaient de soutien et dirigeaient les travaux des chercheurs.

Pour se tenir au courant des connaissances scientifiques, philosophiques et sociales actuelles, il faut s'attacher surtout à connaître les principes qui sont l'âme de ces connaissances et constituent en même temps leur meilleur résumé.

C'est dans le but de présenter clairement la synthèse philosophique des diverses sciences, l'évolution des principes qui les dirigent, les problèmes généraux qu'elles soulèvent, que la Bibliothèque de Philosophie scientifique a été fondée. S'adressant à tous les hommes instruits, elle est destinée à prendre place dans toutes les bibliothèques.

VOLUMES PARUS :

La Valeur de la Science, par H. Poincaré, membre de l'Institut, professeur à la Sorbonne (8e mille).

La Science et l'Hypothèse, par H. Poincaré, membre de l'Institut, professeur à la Sorbonne (10e mille).

La Vie et la Mort, par le Dr A. Dastre, membre de l'Institut, professeur de Physiologie à la Sorbonne (6e mille).

Nature et Sciences naturelles, par Frédéric Houssay, professeur de Zoologie à la Sorbonne (5e mille).

Psychologie de l'Education, par le Dr Gustave Le Bon (7e mille).

Les Frontières de la Maladie, par le Dr J. Héricourt (4e mille).

Les Influences ancestrales, par Félix Le Dantec, chargé de cours à la Sorbonne (6e mille).

Les Doctrines Médicales, par le Dr E. Boinet, professeur de clinique médicale, agrégé des Facultés de Médecine (3e mille).

L'Evolution de la Matière, par le Dr Gustave Le Bon (11e mille).

La Science moderne et son état actuel, par Emile Picard, membre de l'Institut, professeur à la Sorbonne (6e mille).

L'Ame et le Corps, par A. Binet, directeur du laboratoire de psychologie à la Sorbonne (3e mille).

La Lutte Universelle, par Félix Le Dantec, chargé de cours à la Sorbonne (6e mille).

La Physique moderne, son évolution, par Lucien Poincaré, inspecteur général de l'Instruction publique (6e mille).

VOLUMES EN PRÉPARATION :

L'Histoire de la Terre, par L. de Launay, professeur à l'École des Mines.

Les Procédés de raisonnement dans les Sciences naturelles et sociales, par Edmond Perrier, membre de l'Institut, directeur du Muséum.

Les Problèmes de l'Evolution, par Yves Delage, membre de l'Institut, professeur à la Sorbonne.

Microbes et Toxines, par le Dr Charrin, professeur au Collège de France.

Science et Religion, par Emile Boutroux, membre de l'Institut, professeur à la Sorbonne.

1438. — Paris. — Imp. Hemmerlé et Cie. — 7-06.

www.ingramcontent.com/pod-product-compliance
Ingram Content Group UK Ltd.
Pitfield, Milton Keynes, MK11 3LW, UK
UKHW020309230726
13925UKWH00001B/308